JN092545

中小建設業者のための

「公共工事」受注の最強ガイド

行政書士法人Co-Labo代表社員
小林裕門
Kobayashi Hiroto

アニモ出版

はじめに

「社長、コレもったいないですよ！」

いままで、この言葉を何度言ったか、わかりません。行政書士として開業して15年目を迎えますが、いままで延べ約1,000社の経営事項審査と入札参加登録に携わってきました。

公共工事を受注する目的は、人それぞれです。

「公共工事を通して地域に貢献したい」「民間工事とは別に売上の柱を立てたい」「下請専業から脱却したい」といった立派な目的を持った会社もあれば、「儲かると聞いたから」「いま民間工事は暇だから」という比較的シンプルな理由の会社もあります。

私からすれば、どちらも前向きですばらしい目的・理由です。いつか手続き的な業務を超えて応援したい、私にもっとできることはないか、と思うようになりました。こうしてたどり着いたのが、「**入札コンサルティング**」です。

公共工事を受注している建設業者の社長であれば、誰でも知っている「**経営事項審査**」（**経審**）ですが、その中身について詳細に把握している社長は意外と少ないです。

また、経審と関連して入札参加登録まで理解している社長となると、さらに少なくなります。「売上高は高いほうがよい」「赤字になるとマズい」という程度の知識で、なんとなく公共工事の受注に取り組んでいる会社が多いのです。

それゆえに、「社長、コレもったいないですよ！」「こうしたほうが受注の可能性が高まるのではないでしょうか？」といって提案すると、「そんなこと初めて聞いた」とか「なんか受注できそうな気がしてきた」といっていただけます。

実際に、入札参加登録から２か月で3,000万円超の公共工事を受注した造園業者さん、半年で8,000万円の公共工事を受注した電気工事業者さん、元請実績ゼロから１年で約2,000万円の公共工事を受注した防水工事業者さんなど、ご縁をいただいてから１年以内に結果を出しているお客様が多くいらっしゃいます。

公共工事を受注するには、最終的にはお客様自身の営業努力によるところが大きいのですが、経審と入札参加登録に戦略的に取り組むことで、入札に参加できる案件数を増やしたり、指名をもらいやすくしたりすることができます。

野球でいえば、ホームラン王をめざすのであれば、まずは打席に立たなければ始まりません。しかし、打席に立っても、苦手なボールに手を出していたのではホームラン王にはなれません。自分の得意なボール、狙ったボールや甘い球を確実に打つことが大切です。本書では、そのための「あり方」と「やり方」をレクチャーしていきます。

１章では、**経営事項審査**と**入札制度**について、その概要を説明しています。

すでに経審を受けていたり、入札に積極的に参加している人にとっては、ご存じの内容も多いかもしれませんが、そういう人は復習のつもりで確認しながらお読みいただければと思います。

２章では、公共工事を受注するために必要な**社長の心がまえ、思考法**について解説しています。

世間では、「こうすれば経審の点数が上がりますよ」とか「こうしたら申請が通ります」というような「やり方」が先行しがちな傾向があります。

たしかに、そういったノウハウはとても役に立ちますし、会社の窮地を救うこともあるので重要ではあるのですが、テクニック的なことを身につける前に、この章で社長の「あり方」について、改めて考えていただければと思います。

３章では、中小建設業者が取り組むべき「**経営状況分析**」（Ｙ点）について説明しています。

本書のなかでも何度か登場するのですが、私は一貫して「**決算書と建設業財務諸表は別モノです！**」と言い続けています。

その理由と、別モノであるがゆえの貴社にとって有利になる具体的な経審対策について、この章で取り上げています。３章を読んでいただくだけでも、経営状況分析（Ｙ点）ひいては経審の点数は変わってくるでしょう。

４章では、３章で紹介した点数対策以外の部分で、建設業許可と経営状況分析（Ｙ点）を見すえた「**建設業財務諸表**」を作成するうえでの注意点と、中小建設業者でも取り組みやすい**財務改善策**について説明しています。

決算書の数字を１つひとつ理解するのではなく、本書で紹介している「ブロック図」を描くだけで、タイムリーに現状把握ができるようになるはずです。

５章では、経営状況分析（Ｙ点）以外の残りの**４つの評価項目に関する対策**について説明しています。

５章の最後には、決算前に行なうべき経審対策と、決算後でも間に合う経審対策を一覧にしてありますので、自社がすでに取り組めているものとそうでないもの、そしてどこから手をつけたらよいかということを頭の片隅に置きながら、お読みいただければと思います。

本書には、**公共工事の受注へと導くカギ**が、随所に散りばめられています。ときに難しく感じる部分もあるかもしれませんが、信頼している行政書士や税理士と一緒に読んでもらうのもよいでしょう。

本書が、公共工事を受注している、あるいは受注をめざしている中小建設業者の社長や担当者、そして中小建設業者を外部からサポートする行政書士や税理士等の方々にお役立ていただければ、幸甚です。

2021年７月　　　　　　　　　　　　　　　　　行政書士　小林　裕門

【改訂２版発刊に寄せて】

本書は、2021年８月に当時の最新情報を盛り込んで初版を発刊しましたが、その後２年で「経審」と「入札」を取り巻く環境は刻々と変化してきました。

特に2023年に入ってからは、１月には経審の評価項目の改正に加え、電子申請の開始、７月には主任技術者要件の緩和、８月にはＣＣＵＳ取組み状況の評価開始とＷ点の係数調整、と立て続けに改正等が続き、新しい取扱いに対応していくのが大変な状況です。

そこで、これらの改正等に応じて本書の内容を改訂し、「改訂２版」として発刊することとしました。

５章には、上記の改正と電子申請についての項を追加しました。改正によって現状維持は“後退”なので、その分の点数をどうやって補うかを考えるきっかけになればと思います。

また、初版では「おわりに」のなかで紹介していたお客様事例を、内容もボリュームも充実させ、６章として新設しました。実際の事例に触れることで、経審と入札をより身近にかつ具体的に感じていただけるのではないかと思います。

初版同様、ご愛顧いただければ幸いです。

2023年７月　　　　　　　　　　　　　　　　　行政書士　小林　裕門

本書の内容は、2023年７月15日現在の法令等にもとづいています。

中小建設業者のための「公共工事」受注の最強ガイド【改訂２版】

もくじ

2章

公共工事を受注するために必要な３つの思考法

3章 中小建設業者のカギを握る経営状況分析のしかた

4章 公共工事の受注につながる「建設業財務諸表」のつくり方

5章

知っていると得をする経審対策のいろいろと電子申請の基礎知識

6章 事例で学ぼう！ 公共工事受注のためのケーススタディ

※参考にさせていただいた記事、書籍、資料

● 「経営事項審査の虚偽申請防止対策について」
（国土交通省総合政策局建設業課／「全建ジャーナル」2006.12月号）
● 『財務はおもしろい　老舗企業の思考から学ぶ“百年続く中小企業経営”の教科書』
（壁谷英薫 著／good.book 発行）
● 『経営状況分析ガイドブック』
（株式会社経営状況分析センター 発行）
● 『建設業の経営分析（令和元年度）』
（一般財団法人建設業情報管理センター 発行）

カバーデザイン◎水野敬一
本文ＤＴＰ＆図版＆イラスト◎伊藤加寿美（一企画）

1章

経営事項審査(経審)と入札についてしっかり理解しよう

1-1 経営事項審査を受けるとメリットしかない！

「経営事項審査」（以下「経審」と略記します）を受けることのメリットとデメリットについて説明していきましょう。まず、経審を受けると、以下のようなメリットがあります。

メリット①：入札に参加することができる

経審を受けることの最大のメリットは、公共工事の入札に参加できることです。

本当は、参加することがゴールではなく、受注することがゴールなのですが、まずは入札に参加しなければ始まりません。経審は入札に参加して、公共工事を受注するためのはじめの一歩ということができ、経審を受ける最大のメリットであり、最大の目的です。

経審については建設業法第27条の23により、「公共性のある施設又は工作物に関する建設工事で政令で定めるものを発注者から直接請け負おうとする建設業者は、国土交通省令で定めるところにより、その経営に関する客観的事項について審査を受けなければならない」と規定されています。

したがって、ごく一部で例外はありますが、基本的に経審を受けなければ、公共工事の入札に参入することはできません。

メリット②：客観的に現状把握ができる

後述しますが、経審はさまざまな要素を評価項目としているので、客観的に自社の現状を把握するのにとても役立ちます。

会社を経営していくうえでは、お金の問題、人の問題、法的リスクの問題など悩みは尽きませんが、問題解決はすべて現状把握から始まるといっても過言ではありません。自社の理想を実現するためにどこをどう伸ばしていくのか、自社のビジョンやミッションを達成するためにはどうしたらよいのか、ということを検討する際にも有用です。少し大げさかもしれませんが、経審は自社の過去を振り返り、未来を描くためのツールといえます。

メリット③：民間の工事でも経審を求める工事がある

メリット①にあるように「経審＝公共工事」というイメージが強いですが、実は民間工事でも経審を受けていることを条件にしたり、「経審の点数が1,000点以上」という条件をつけたりして、施工業者を公募していることがあります。

たとえば、建設業界の専門紙を見ていると、マンションの大規模修繕工事や社会福祉法人の施設の新築工事などで比較的よく見かけます。他にも、行政から補助金が出るような工事においては、経審を受けている建設業者あるいはその自治体の入札参加資格を得ている建設業者を使うことが、補助金の支給要件のなかに盛り込まれていることもあります。

情報が少なくて中小建設業者が当てはまる案件を探すのはなかなか厳しいかもしれませんが、いままでは検討もできなかったような民間工事や、存在に気づいてもいなかった民間工事に参入できるようになるのも経審を受けるメリットの１つといえます。

メリット④：同業他社と同じモノサシで比較できる

意外と知られていないのですが、**経審を受けるとその結果は公表されます**。各行政庁では、その行政庁の許可業者分しか閲覧できませんが、一般財団法人建設業情報管理センター（ＣＩＩＣ）のホームページにおいて、全国の建設業者の経審結果が公表されており、誰でも見ることができるようになっています。

【一般財団法人建設業情報管理センター（ＣＩＩＣ）】

https://www.ciic.or.jp/

これは、経審の結果を公表することで、競争入札の透明性を確保するとともに、建設業者間の相互監視により虚偽申請防止等の自浄作用が期待できることが主な理由です。「**経審結果通知書**」には、売上高はもちろん、財務状況や技術職員数などの貴重な情報が載っているのですが、それがネット上で広く一般に公開されるということは、あらかじめ認識しておいたほうがよいでしょう。

「財務状況や職員数が公表されるならデメリットでは？」と思われるかもしれません。たしかに、新たに経審に取り組もうという社長にこの話をすると、難色を示す方もいらっしゃいます。しかし、裏を返せば、同業他社と同じモノサシで比較ができるというメリットにもなり得るのです。

経審は、行政による多少のローカルルールの違いはあるものの、全国統一ルールで建設業者の取組みを点数化する建設業者の通信簿なので、大学受験でいえば昔のセンター試験、共通一次試験みたいなものです。公共工事の受注をめざしている同業他社と比較することで、自社の現在の状況と、いままで見えていなかった課題に気づくこともできます。

また、帝国データバンクや東京商工リサーチのようないわゆる調査会社から信用情報を購入すると、けっこういい料金を取られますが、経審結果通知書は無料で閲覧・印刷することができるので、コストパフォーマンスに優れています。

もちろん、より深い部分を探るためには経審結果通知書だけでは物足りないでしょう。しかし、取引先やライバル会社の調査の足がかりを得るには十分な情報量だと思います。そう考えると、デメリットとは言い切れないのではないでしょうか。

メリット⑤：新規参入のハードルになる

経審は、特殊なケースを除き**決算日を審査基準日として受審**し、発行された経審結果通知書は、記載されている**審査基準日から１年７か月間有効**とされています。

これについては、建設業法施行規則第18条の２に「法第27条の23第１項の建設業者（公共工事を発注者から直接請け負おうとする建設業者）は、同項の建設工事について発注者と請負契約を締結する日の１年７月前の日の直後の事業年度終了の日以降に経営事項審査を受けていなければならない」と定められています。

たとえば、３月31日決算の会社が令和５年３月31日の決算について経審を受けた場合、その結果通知書は令和６年10月31日まで有効ということになります。したがって、令和６年３月31日の決算が終わったら、その前の年の経審の有効期限である令和６年10月31日までに令和６年３月31日の決算についての経審を受け終わっている必要があります。言い換えれば、決算月を変更しない限り、毎年、決算から７か月以内に経審を受けて、新しい経審結果を手元に備えておく必要があります（下図参照）。

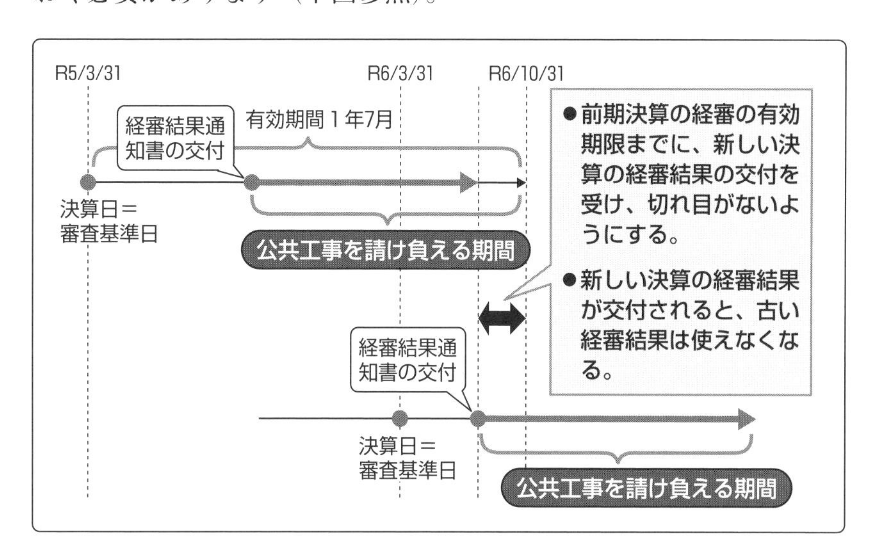

これが、経審を受ける正しいスケジュールですが、省庁や地方公共団体に入札参加登録さえしていれば、経審は期限を過ぎていても大丈夫だと思っている社長がたまにいらっしゃるので注意してください。

ちなみに、国土交通省のネガティブ情報等検索サイトで検索してみると、経営事項審査関係違反として、「経営事項審査を受けていないにもかかわらず公共工事を請け負った」として指示処分を受けていたり、「経営事項審査を継続して受審せず、同法施行令に定める建設工事を発注者から直接請け負うことができない期間が生じていたにもかかわらず、この間に公共工事を受注していた」として指示処分を受けているケースが実際にあるので、十分に注意してください。

このように、経審は毎年の決算ごとに受け続ける必要があるわけですが、年に一度のことですし、法改正も頻繁にあり、役所の都合で確認資料が変わることもあるため、手続きは煩雑で面倒です。大きな会社では、経審専属の担当者を置いているところもあるくらいです。

つまり、**書類の準備が煩雑で面倒というのが経審を受けるデメリット**といえるでしょう。最近は書類の簡素化が進んでいますし、令和５年１月から建設業許可と経審が電子申請化されました（一部の行政庁を除く）が、それでも資料を精査する時間はどうしてもかかってしまいます。

たしかに手続きが面倒、書類が煩雑で大変というのはデメリットかもしれません。しかし裏を返せば、「面倒＝新規参入のハードルになる」ということなので、他社に先駆けて取り組んでいれば、それは逆にメリットになり得ます。

いかがでしょうか。経審は公共工事の入札に参加するために受けるという認識だったと思いますが、それ以外にもメリットがあることがおわかりいただけたかと思います。

メリット④と⑤の２つは、情報が公開される、手続きが面倒という点ではデメリットに思えるかもしれませんが、発想を逆転させて考えてみるとメリットにもなり得ると思います。そう考えると、中小建設業者にとっては、経審は受けるとメリットしかありません。

1-2 公共工事を受注するメリット

経審を受けるだけでも５つのメリットがありましたが、公共工事を受注するとさらに以下のようなメリットがあります。

メリット①：元請業者として工事ができる

当たり前ですが、公共工事は役所から直接、工事を請け負うことになるので、「元請」業者として工事を行なうことになります。行政庁や個別の案件によっては、過去の元請工事の実績を問われることもありますが、元請工事の実績がなくても入札に参加できることもけっこうあるので、「下請工事専業から抜け出したい」とか「もう１つの売上の柱をつくりたい」という場合には、民間の元請工事を狙うよりも、**いきなり公共工事にチャレンジ**するのも１つの手だと思います。

元請業者として工事をするとなると、段取りの大変さや責任の重さは下請と比べて何倍にもなると思います。しかしその分、工夫することでより多くの利益を確保できることになります。下請で現場に入るときは、元請業者の監督の下で施工するので、どうしても動きが制限され、工夫しづらい状況であるため、いま以上に利益を出すのは難しいでしょう。自社の工夫と技術次第で、より多くの利益を生み出すことができるというのが、元請工事の醍醐味です。

メリット②：信用が得られる

公共工事を請け負うようになると、対外的な信用アップにつながります。「あの会社は役所の工事を請け負っている」と、国や地方自治体から工事を請け負っていること自体が、地域や取引先に認識されることで信用につながり、民間工事の受注活動にも役に立つことがあります。したがって、公共工事を請け負ったら**どんどん対外的にアピールしていく**とよいでしょう。対外的に発信を続けてブランドとして育てていくことで、営業面でも採用面でもプラスになることは間違いありません。

他にも、前述の元請工事ができるようになることともリンクしますが、いつも請け負っている下請工事とは別の売上の柱を持つことができれば、倒産リスクを軽減できることもあり、金融機関の信用もつきやすくなります。

メリット③：自社に適した工事案件を狙える

公共工事の発注者は、地元の都道府県や市区町村だけではなく、中央省庁や独立行政法人など多岐にわたります。さらにそのなかで業種分けがされており、建設業許可29業種に則って業種分けをしているところもあれば、さらに細分化しているところもあります。

たとえば東京都であれば、建設業許可上は土木一式工事業に分類される工事でも、一般土木工事、河川工事、橋りょう工事、下水道工事のように入札参加資格としては細かく業種分けされています。

つまり、多くの発注者、多くの業種分けのなかから自社に適した工事案件を狙って勝負することができるということです。これは、元請の監督下で仕事をする下請工事では難しいことですし、民間の元請工事でも自社で狙った案件だけを受注するというのは容易ではありません。詳細は２章に譲りますが、自社の理想とする公共工事を明確にして、そこをめざして最短距離を駆け抜けることができるのが、公共工事のよいところです。

メリット④：売上代金を取りっぱぐれることがない

元請・下請を問わず民間工事で怖いのは、売掛金を回収できなかったり、手形が不渡りになって入るはずのお金が入ってこないという**回収不能のリスクがゼロではない**ということです。

大企業の下請だから大丈夫だろう、あるいは自社は個人相手だから貸倒れの心配はまずないだろう、と思っているかもしれませんが、先行き不透明なこの時代にあって、“絶対”はありません。古くは山一證券の経営破綻、日本航空の会社更生法申請のように名だたる大企業でも、経営破綻に追い込まれることはあり得るのです。

そんななかで、売上代金を100％回収することができる、平たくいえば取りっぱぐれのない仕事が役所の案件です。民間工事と比べたときに、これは大きなアドバンテージになるはずです。

工事を完了して引渡しを行なえば、絶対に入金されます。下請工事だと元請業者の都合で月末締めの翌々月10日払いといったように入金まで時間がかかったり、代金の一部を手形やファクタリングで支払われたりで、現金化するまでに時間がかかってヤキモキしたという思いを、社長なら一度は経験されていると思います。

本書は、公共工事の入札にスポットを当てていますが、物品の販売や役務の提供などでも役所発注の案件はありますので、工事以外にも事業を展開されている会社はそちらを狙ってみるのも手です。

メリット⑤：資金繰りの面で制度的に恵まれている

公共工事では、小規模な工事の場合を除き、契約締結後、工事着工前に請負金額の３～４割を前受金としてもらうことができます。通常は、工事を請け負うと、調査をしたり材料を手配したりとお金をもらうより先にお金が出ていく、つまり支出が先行することが多いわけですが、こと公共工事においては**工事着工前に前受金として役所側から支度金**をもらえます。これは、建設業者の資金繰りを考えたときにとても大きなメリットです。

また、利用できる役所はまだ限られていますが、工事の完成が近くなると公共工事の請負代金債権を担保に融資を受けられる制度もあります。これは、「**地域建設業経営強化融資制度**」といって、株式会社建設経営サービスやジェイケー事業協同組合等41の団体が実施しているサービスで、以下のような条件がありますが、新たな資金調達手段として選択肢の１つに加えてみてもよいと思います。

【地域建設業経営強化融資制度】

https://www.mlit.go.jp/totikensangyo/const/sosei_const_tk2_000011.html

＜対象工事＞

□公共工事で発注者が債権譲渡を認めていること

□工事出来高が２分の１以上であること

□契約締結の際に役務的保証が求められていないこと

□低入札価格調査等の対象となった工事でないこと

この地域建設業経営強化融資制度は、公共工事の請負代金債権を担保とするため、保証人や不動産担保が不要です。しかも、経営状況分析の際に「負債回転期間」を算出する際の「負債」の額から控除してくれるという唯一無二のメリットもあるため、経審上も有利になります。

公共工事に限りませんが、工事においては工事が完了してから売上に計上する「工事完成基準」が一般的です。大規模な工事においては「新収益認識基準」（工事進行基準）を採用しているところや、業種によっては毎月の出来高に応じて売上を計上するところもありますが、基本的に工事が終わるまでお金は入ってきません。

その間、どうするかというと、手許資金を取り崩して材料費や外注費の支払いに回さなければならなくなります。あるいは、金融機関から短期の借入れをして一時的なキャッシュ不足を回避する建設業者が多いです。いわゆる「つなぎ融資」です。

これはやむを得ないわけですが、借入れは少ないほうが経審上も有利ですし、借りなくてすむならそれに越したことはありません（金融機関との付き合いもあるので、借入れそのものを否定するつもりはありません）。

公共工事においても、工事の終盤になってくると前受金を使い切ってしまうので、どうしてもこの問題は出てきます。実際に、いますぐ利用するかは別として、こういった融資制度があることを知っておくことはとても大切です。

1-3 経審から入札までの一般的な手続きの流れ

入札に参加するまでの流れはどうなっている？

経審と公共工事のメリットを理解したことで、「ぜひとも取り組んでみたい！」「公共工事を受注したい！」と思っていただけたのではないでしょうか。そこで、経審を受けて入札に参加するまでの流れについて確認しておきましょう。

なお、ここでは、経審を初めて受ける社長、これから公共工事への参入を検討している社長に向けた内容になるので、すでに取り組んでいる社長は復習のつもりで読み流してもらえればと思います。

入札に参加するまでの一般的な手続きについては、行政庁の取扱いの違いで多少前後する部分はありますが、おおむね下図のような流れで手続きを進めていきます。

①決算日を迎える

泣いても笑っても、年に一度、決算日は必ずやってきます。利益が出そうだから節税のために決算前に慌てて経費を使ってみたり、赤字になりそうだから前倒しで売上を計上したり（これはダメですよ！）、みなさんあの手この手で税金を極力少なくしようとしたり、赤字にしないように努力しています。

②確定申告をする

通常であれば、決算から２か月以内（申告を１か月延長する会社もあります）に、税務署へ確定申告を行ないます。実際に申告を行なうのは税理士でしょうが、利益が出れば法人税等が発生しますし、赤字であっても消費税は必ず納める必要があるので、ここでキャッシュが足りないという事態だけは避けたいところです。

③決算届を提出する

建設業許可業者には、決算から４か月以内に決算（事業年度終了報告）届の提出が義務づけられています。このときに工事経歴書や建設業財務諸表を作成することになりますが、経審を受ける場合には通常の決算届よりも厳格なルールが適用されます。

詳しくは３章・４章で解説しますが、このルールをきちんと理解することが、中小建設業者が公共工事を受注するための近道です。

④経営状況分析を受ける

③で作成した建設業財務諸表を登録経営状況分析機関に送り、経営状況分析を依頼します。分析が終わると、「経営状況分析結果通知書」が送られてきますが、これに記載されているＹ点が、経審の評価項目の１つとなっています。

理由は後述しますが、私はこのＹ点を重要視しています。

⑤経審を受ける

経営状況分析を受けると、数日から１週間ほどで「経営状況分析結果通知書」が届きます。最近は、経審の電子申請化に伴い、ＰＤＦで受領することも増えています。この分析結果通知書とその他の必要書類が用意できたら、いよいよ経審を受けます。経審の申請方法は、行政庁によってまちまちです。郵送でＯＫなところもあれば、審査日の予約が必要なところ、審査する曜日が決まっているところなどもありますので、申請方法は事前に確認しておきましょう。

また、令和５年１月から「建設業許可・経営事項審査電子申請システム」(通称ＪＣＩＰ）によって、電子申請も可能になりました（令和５年７月現在、一部の都府県で未対応)。

⑥経審結果通知書が届く

経審の申請が終わると、何もなければ２週間〜１か月ほど（行政庁により前後します）で、経審結果通知書が届きます。ＪＣＩＰで電子申請した場合、行政庁によっては電子ファイルで受領するか書面で受領するかを選択することができます。この経審結果通知書の正式名称は「**経営規模等評価結果通知書・総合評定値通知書**」です。

ちなみに１－１で説明したように、経審結果通知書は決算から７か月以内に手元に届いている必要があります。決算から経審結果通知書を受領するまでのスケジュール管理には気をつけてください。

⑦入札参加登録をする

経審結果通知書が届いても、手元に置いておくだけでは入札に参加することはできません。経審の点数をもとに、入札に参加したい省庁、地方自治体、団体に対して、入札参加資格審査申請を行なう必要があります。

このときに、経審の点数に加え、**その発注者独自の評価項目を設けている**ところが多いです。入札参加資格申請のベースとなる経審の対策はもちろんのこと、発注者独自の評価項目についての対策も、戦略的に公共工事を受注していくうえでは必要不可欠です。

⑧登録完了（格付け付与）

入札参加資格申請を行なうと、定期受付であれば次年度の初めから、随時受付や追加受付であれば早ければ翌月から、その発注者の「入札に参加したい建設業者リスト」に名前が掲載されます。役所や業種によっては、ＡとかＢといったランク分けが行なわれ、これを「**格付け**」と呼んでいます。この「格付け」によって、請け負うことができる公共工事の規模に差をつけられることが一般的です。上位の格付けほど大きな金額の入札案件に参加できますし、格付けが下位のほうでも相応の入札案件があります。

⑨案件を見つけて入札

最近は電子入札が主流なので、入札案件も役所等のホームページ上で公表されています。慣れるまでは案件を探すのに苦労するかもしれませんが、定期的にチェックしましょう。

また、建設業界の専門紙でも案件が掲載されているので、専門紙を購読するのもよいでしょう。

初めて経審を受ける社長や公共工事への参入を考えている社長は、経審から入札までの一連の手続きが、こういった流れで進んでいくことを把握しておくと、手続きの途中で迷子状態にならずにすみます。

各行政庁の手引き等にも手続きの順序は記載されているので、参考にしてみてください。また、上記手続きの①～⑥の「決算～経営状況分析～経審」については、公共工事の受注を希望する場合は毎年受け続ける必要があること、⑦・⑧の入札参加登録は多くの場合、２年または３年に一度のスパンで定期的に登録更新があることも押さえておいてください。

1-4 経営事項審査（経審）のメカニズム

経審結果通知書を見るうえで一番大事なこと

お客様と話をしていてよく質問されるのが、「経審結果通知書の見方」についてです。最終結果である経審の点数だけを見て、それ以外の項目についてはあまり見ていない方も多いようですが、経審と入札に戦略的に取り組むためには、まずは敵を知る（項目の内容についてもよく検討する）ことから始めましょう。

実際の経審結果通知書（「経営規模等評価結果通知書・総合評定値通知書」）は、小さくて見づらいかもしれませんが、下図のとおりです。経審結果通知書には、囲みを付けた6つの数値が記載されています。

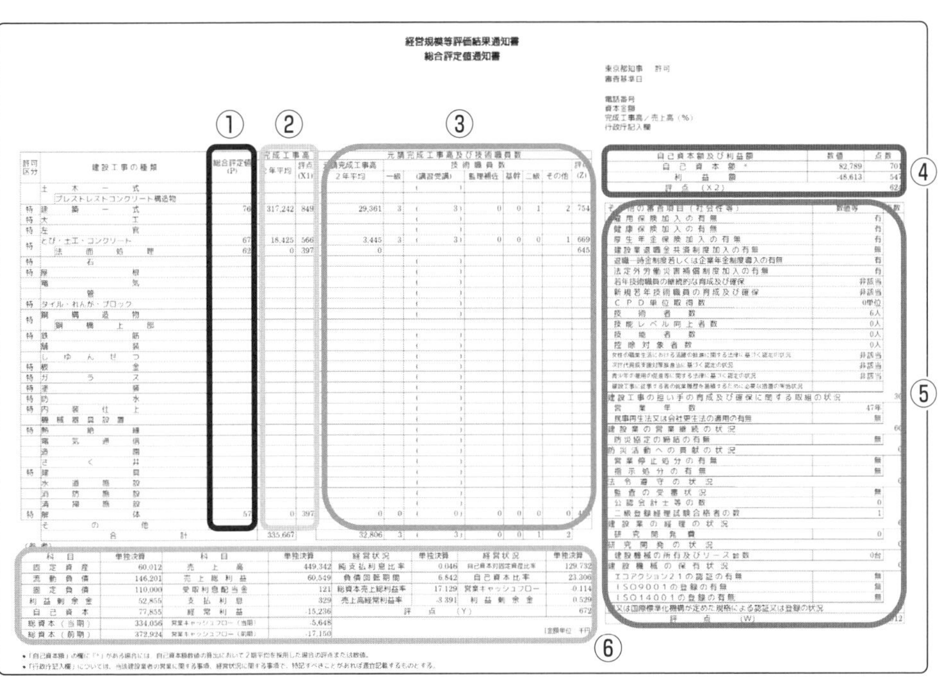

経営規模等評価結果通知書
総合評定値通知書

東京都知事　許可
審査基準日

電話番号
資本金額
完成工事高／売上高（%）
行政庁記入欄

①②③

許可区分	建設工事の種類	総合評定値(P)	完成工事高 2年平均	評点(X1)	元請完成工事高 2年平均	技術職員数 一級	(講習受講)	監理補佐	基幹	二級	その他	評点(Z)
	土木一式						( )					
	プレストレストコンクリート構造物											
特	建築一式	76	317,242	849	29,361	3	(3)	0	0	1	2	754
特	大工						( )					
特	左官						( )					
特	とび・土工・コンクリート	67	18,425	566	3,445	3	(3)	0	0	0	1	669
	法面処理	62	0	397	0							645
特	石						( )					
特	屋根						( )					
	電気						( )					
	管						( )					
特	タイル・れんが・ブロック						( )					
特	鋼構造物						( )					
	鋼橋上部											
特	鉄筋						( )					
	舗装						( )					
	しゅんせつ						( )					
特	板金						( )					
特	ガラス						( )					
特	塗装						( )					
特	防水						( )					
特	内装仕上						( )					
	機械器具設置						( )					
特	熱絶縁						( )					
	電気通信						( )					
	造園						( )					
	さく井						( )					
特	建具						( )					
	水道施設						( )					
	消防施設						( )					
	清掃施設						( )					
特	解体	57	0	397	0	0	(0)	0	0	0	0	[illegible]
	その他											
	合計		335,667		32,806	3	(3)	0	0	1	2	

④

自己資本額及び利益額	数値	点数
自己資本額 *	82,789	701
利益額	-48,613	547
評点（X2）		624

⑤

その他の審査項目（社会性等）	数値等	点数
雇用保険加入の有無	有	
健康保険加入の有無	有	
厚生年金保険加入の有無	有	
建設業退職金共済制度加入の有無	無	
退職一時金制度若しくは企業年金制度導入の有無	有	
法定外労働災害補償制度加入の有無	有	
若年技術職員の継続的な育成及び確保	非該当	
新規若年技術職員の育成及び確保	非該当	
CPD単位取得数	0単位	
技術者数	6人	
技能レベル向上者数	0人	
技能者数	0人	
控除対象者数	0人	
女性の職業生活における活躍の推進に関する法律に基づく認定の状況	非該当	
次世代育成支援対策推進法に基づく認定の状況	非該当	
青少年の雇用の促進等に関する法律に基づく認定の状況	非該当	
建設工事に従事する者の就業履歴を蓄積するために必要な措置の実施状況		
建設工事の担い手の育成及び確保に関する取組の状況		30
営業年数	47年	
民事再生法又は会社更生法の適用の有無	無	
建設業の営業継続の状況		60
防災協定の締結の有無	無	
防災活動への貢献の状況		0
営業停止処分の有無	無	
指示処分の有無	無	
法令遵守の状況		0
監査の受審状況	無	
公認会計士等の数	0	
二級登録経理試験合格者の数	1	
建設業の経理の状況		6
研究開発費	0	
研究開発の状況		0
建設機械の所有及びリース台数	0台	
建設機械の保有状況		0
エコアクション21の認証の有無	無	
ISO9001の登録の有無	無	
ISO14001の登録の有無	無	
又は国際標準化機構が定めた規格による認証又は登録の状況		
評点（W）		812

（参考）

⑥

科目	単独決算	科目	単独決算	経営状況	単独決算	経営状況	単独決算
固定資産	60,012	売上高	449,342	純支払利息比率	0.046	自己資本対固定資産比率	129.732
流動負債	146,201	売上総利益	60,549	負債回転期間	6.842	自己資本比率	23.306
固定負債	110,000	受取利息配当金	121	総資本売上総利益率	17.129	営業キャッシュフロー	-0.114
利益剰余金	52,855	支払利息	329	売上高経常利益率	-3.391	利益剰余金	0.529
自己資本	77,855	経常利益	-15,236	評点（Y）			672
総資本（当期）	334,056	営業キャッシュフロー（当期）	-5,648				
総資本（前期）	372,924	営業キャッシュフロー（前期）	-17,150				

（金額単位：千円）

- 「自己資本額」の欄に「*」がある場合には、自己資本額数値の算出において2期平均を採用した場合の評点または数値。
- 「行政庁記入欄」については、当該建設業者の営業に関する事項、経営状況に関する事項で、特記すべきことがあれば適宜記載するものとする。

経審結果通知書で最も大事な数値は、当然ながら①の「総合評定値（P）」の欄にある数値です。この総合評定値（P）が、一般には「経審の点数」とか「P点」と呼ばれているものです。

経審結果通知書を見ると、総合評定値（P）の欄には数値が4つ記入されています。不思議に思うかもしれませんが、経審は建設業許可業種ごとに受けることができ、P点もその業種ごとに点数が付与されるしくみになっています。前ページの経審結果通知書だと、建築＝766点、とび・土工＝674点といった具合に業種によって点数は変わるので、入札参加登録や入札を行なう際には見間違えないように気をつけてください。

このP点は、入札参加登録においては客観点数として格付けのベースになったり、行政庁によっては入札時に「入札できるのは○○点以上の業者のみ」という縛りを設けたりします。

したがって、自社のP点を確認する機会は比較的多いのですが、P点以外の5つの数値（経審結果通知書の②～⑥）については確認する機会はあまりありません。経審の結果が出た直後は確認していても、何も対策をできずにまた翌年の決算を迎えてしまうことがほとんどです。しかし、P点は結果でしかありません。同じ経審結果通知書に記載されている他の5つの評価項目の点数を合計した結果でしかないのです。

もちろん、格付けが左右されるので、結果は結果で大事なのですが、翌年の経審に向けてできることはないか、中長期的に経審と入札をどうしていきたいのかを考えるためには、P点そのものよりもP点を構成する5つの評価項目をきちんと検証することが大切です。

したがって、経審の点数（P点）に一喜一憂するのではなく、1つひとつの評価項目についてしっかりと検証して、見直しと改善につなげることが、経審結果通知書を見るうえでは一番大事なことなのです。

経審では何が評価されているか

Ｐ点は５つの評価項目の計算結果でしかないといいましたが、その評価項目と計算式は次のとおりです。

総合評定値Ｐ点＝
0.25（X1）＋0.15（X2）＋0.2（Ｙ）＋0.25（Ｚ）＋0.15（W）

X1＝完成工事高
X2＝自己資本額および利益額
Ｙ＝経営状況
Ｚ＝元請完成工事高および技術職員数
Ｗ＝その他審査項目（社会性等）

この計算式は役所の出している手引書や市販されている書籍にも掲載されているので、一度は目にしたことがあるのではないでしょうか。X1、X2、Ｙ、Ｚ、Ｗという５つの評価項目にそれぞれ決まった係数を掛けて、それを合計したものがＰ点になります。それぞれの評価項目について１つずつその内容を見ていきましょう。

【X1＝完成工事高】

X1は、経審結果通知書の②の箇所です。「完成工事高」ですから文字どおり、各業種の工事売上金額についての評価項目です。

売上金額が評価されるため、当然ながら売上が大きければ大きいほどX1の点数も高くなります。建設業者の売上は、どうしても波があるので単年度では評価されず、今期と前期の２年平均か、今期と前期と前々期の３年平均のいずれか都合のよいほうを選択することになっています。

ですから、今期の売上がよいときは「今期だけで評価してほしいなぁ」と思いますし、今期の売上がイマイチなときは「平均でよかったなぁ」と思うことでしょう。

【X2＝自己資本額および利益額】

X2は、経審結果通知書の④の箇所です。いままでの利益の積み重ねである自己資本と、本業での稼ぎを示す営業利益、そして実際にはお金が出ていかない費用である減価償却実施額分を繰り戻して計算する「経営規模」の評価項目です。

自己資本は貸借対照表の「純資産合計」、営業利益は損益計算書の「営業利益」、減価償却実施額は確定申告書の別表16をもとに計算されます。簡単にいってしまえば、どれだけ利益を蓄えているのか（自己資本）と、今期と前期に本業でどれだけの利益を生み出しているのか（平均利益額）という「利益」に着目した項目です。

【Y＝経営状況】

Yは、経審結果通知書の⑥の箇所です。経営状況、すなわち財務状況に関する評価項目です。Yの点数を付けるのは、行政庁ではなく登録経営状況分析機関なので、経審を受ける前に「経営状況分析結果通知書」をもらっておく必要があります。

Yは８つの指標で計算されるのですが、この８指標については３章で詳しく解説します。１ついえることは、中小建設業者はここで点数的にもったいないことをしていることが多いので、このY点について行政書士や税理士に丸投げせずに、これらの専門家と一緒になって自ら取り組んでいくことが落札につながる経審の第一歩ということです。

なお、令和５年７月時点で、**登録経営状況分析機関**は次ページ表のとおり10社あります。登録番号が22まであるのは、半数は登録されたけれどすでにやめてしまっているからです。

これは、あまり大きな声ではいえないのですが、経営状況分析は本来、どこで受けても同じ評価、同じ点数でなければならないのですが、現実はそうなっていないようです。機会があれば全分析機関に同一の会社の経営状況分析を依頼して、その経過と結果を検証したいと思っています。

登録番号	登録分析機関の名称
1	（一財）建設業情報管理センター
2	（株）マネージメント・データ・リサーチ
4	ワイズ公共データシステム（株）
5	（株）九州経営情報分析センター
7	（株）北海道経営情報センター
8	（株）ネットコア
9	（株）経営状況分析センター
10	経営状況分析センター西日本（株）
11	（株）ＮＫＢ
22	（株）建設業経営情報分析センター

【Ｚ＝元請完成工事高および技術職員数】

Ｚは、経審結果通知書の③の箇所です。「技術職員」が審査基準日（決算日）時点でどれだけ在籍しているのかと、元請工事は下請工事よりもマネジメント力等を求められることからX1に加えて元請工事売上高をさらに独自に加点する技術力の評価項目です。

「技術職員数」については、１人につき２業種まで加点がもらえるしくみになっているので、経審と入札の方向性が色濃く出る項目といえます。

余談ですが、「せっかく技術職員に資格を取らせたのに辞めちゃった（泣）」という話をよく聞くので、そうならないためには、人材育成や採用計画についても、戦略的に公共工事の受注を狙っていくうえではとても大切です。

【Ｗ＝その他審査項目（社会性等）】

Ｗは、経審結果通知書の⑤の箇所です。企業が社会的責任を果たしているかといった観点から評価している項目です。

たとえるなら、Ｗ以外の４つは、テストの点数がよい人を評価する項目（売上が大きい、利益が多い、技術者の雇用が多い等）ですが、このWについては、クラス委員を１年務めたから、あるいは部活動で部長として部をまとめ上げたから内申点をあげましょう、というイメージです。具体的には、退職金制度がある、防災協定がある、若手を育成している等で、評点がよくなります。

Wについても、審査基準日（決算日）時点での状況を評価対象としているので、費用対効果はきちんと検討したいところですが、すぐにＰ点を上げたい場合は、このWから着手するとよいでしょう。

経審の点数はブロック図で把握しよう

以上のように、経審の点数であるＰ点は５つの評価項目で構成されています。経審の点数を上げるためには５つの項目すべてで点数を上げられればよいのですが、なかなか難しいのが現実です。

そうなると、５つの評価項目のどこから取り組んだらよいのか？ということになりますが、そのためには５つの評価項目がＰ点にどのように影響を与えているのかを把握しておきましょう。

経審の点数をブロック図にすると、下図のようになります。

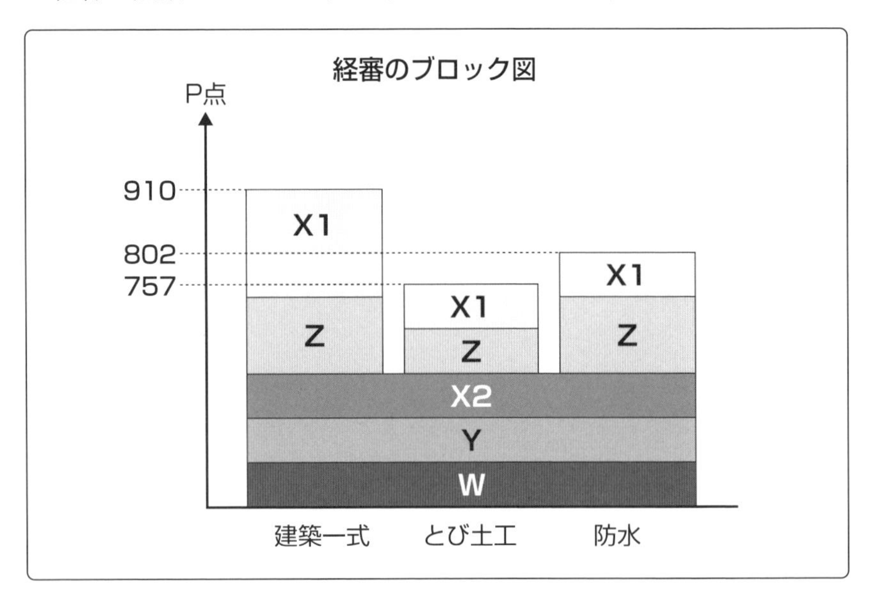

５つの評価項目のうち、X2、Ｙ、Ｗの３項目は業種に関係なく会社全体に関する評価項目なので、全業種共通の加点が行なわれます。一方、X1とＺの２項目は、X1は業種ごとの売上高、Ｚは業種ごとの元請工事高と技術職員数を評価するものなので、業種によって点数にバラつきが出る評価項目です。

したがって、前ページのブロック図に示したように、X2、Ｙ、Ｗの３項目の土台の上に、X1、Ｚの２項目で業種ごとに加点されるようなイメージです。このことから、中小建設業者が経審の点数を全体的に底上げしたい場合には、点数の土台となるX2、Ｙ、Ｗの３項目から取り組むのがおススメです。

５つの評価項目のポイント

５つの評価項目について、少し視点を変えて評価内容のポイントについて考えてみましょう。まずX1、X2、Ｚの３項目についてです。

「**X1**」は、完成工事高についての評価項目なので、工事売上が１千円でも高いほど経審の点数（Ｐ点）が高くなります。経審が建設業者の評価制度であることを考えると、当然といえば当然です。

「**X2**」は、自己資本と平均利益額についての評価項目なので、自己資本と営業利益と減価償却費が１千円でも高いほど経審の点数（Ｐ点）が高くなります。減価償却費がなぜ経営規模の評価といえるかというと、「減価償却費が大きい＝設備投資がたくさんできている」大きい会社だからです。

「**Ｚ**」は元請工事高と技術職員数についての評価項目なので、技術職員は１人でも多いほうが経審の点数（Ｐ点）が高くなりますし、元請工事高についてはX1と同様です。

したがって、以上のX1、X2、Ｚの３項目は、数字が大きければ大きいほど点数が高くなる評価項目で、いわば規模に関する「**量的な評価項目**」といえます。つまり、大企業に有利な評価項目ということができます。

これに対し、残りのＹとＷは「**質的な評価項目**」ということができます。つまり、企業規模の大きさに関係なく点数を稼ぐことができる評価項目です。

「Ｙ」は経営状況分析（財務状況）についての評価項目で、「絶対的力量」として規模を評価する要素も一部含まれてはいますが、経営状況のよし悪しは単純な企業規模では評価できません。たとえば、売上１億円前後の会社でもＹ点が1,060点というところもありますし、売上15億円前後の会社でもＹ点が600点ほどのところもあります。

「Ｗ」はＣＳＲ（企業の社会的責任）についての評価項目で、基本的に大企業も中小企業も関係なく決算日時点で「ある事柄に取り組んでいるか否か」が見られます。たとえば、社会保険（健康保険・厚生年金保険・雇用保険など）であれば、決算日時点で加入か未加入かを評価するので、０か100かしかありません。「社会保険料を100万円以上負担したら10点加算しましょう」というような忖度はないのです。その意味でＷは、大企業も中小企業も関係なく平等な評価項目といえます。

以上のことから、業種全体に影響するX2、Ｙ、Ｗという３つの評価項目、さらにそのなかでも量ではなく質で評価されるＹとＷの２つが中小建設業者でも取り組みやすく、また取り組むべき評価項目ということができます。

具体的な取り組み方については３章以降で説明していきますので、ぜひここから手をつけて改善していってみてください。

経営事項審査の確認資料

実際に経審の申請を行なう際に、これらの評価項目をどういった資料で確認するのかについて見ていきましょう。38、39ページに、国土交通省の関東地方整備局における経営事項審査の確認資料一覧（チェックシート）を掲載しましたので、審査行政庁によって多少の違いはありますが、この一覧表を見ながらざっと説明していきます。

【1】法人番号が確認できる資料

法人番号指定通知書または国税庁法人番号公表サイトの情報を印刷したもので、申請書に記載されている法人番号と照合します。

【2】消費税の確定申告書と納税証明書（その1）

課税標準金額と建設業財務諸表の売上を照合して、売上の水増しがないかを確認します。売上を水増ししていた建設業者が、虚偽申請によって令和3年4月付で45日の営業停止処分を受けたのは衝撃的でした。

【3】工事経歴書、工事経歴書に記載した工事の裏付け資料（契約書等）および直前3年の工事施工金額（様式第3号）

関東地方整備局では、令和3年から請負金額の上位3件を提出するよう求めています。工事経歴書に記載した工事を実際に施工したのか、業種分けが正しいかについて確認しています。行政庁によっては施工体制の台帳等の提示を求められることもあります。

経審の完成工事高については、2年平均または3年平均で評価されます。その計算のため、前期と前々期の業種ごとの売上を確認します。

【4・5】法人税確定申告書（別表16）および建設業財務諸表

X2（自己資本額および平均利益額）を確認するために求められます。減価償却実施額と営業利益は経営状況分析の際に確認し、分析結果通知書の最下段に「参考値」が記載されるため、ここでは省略できることが多いです。自己資本額の評価で2年平均を選択した場合は、前年分の建設業財務諸表（様式第15号）が必要になります。

【6】技術職員、登録建設業経理士等の常勤確認資料

審査基準日（決算日）時点で、申請会社に在籍しているかを確認します。社会保険の加入が義務づけられたため、「健康保険・厚生

2. 経営事項審査　チェックシート

1. 確認書類

※ 申請書類はすべて片面印刷としてください。
※ 1～6 は左上をホッチキスで綴じ、ホッチキスで綴じることができない場合は、左側（2穴）綴じ紐で綴じてください。
※ 7 は 1～6 の後ろに綴ってください。（ホチキス等では綴じないでください。）

	No.	チェック	書類
	1	□	様式第二十五号の十四　経営規模等評価申請書
	2	□	別紙一　工事種類別完成工事高　工事種類別元請完成工事高
	3	□	別紙三　その他の審査項目（社会性等）　※令和5年1月受付分より書式変更
	4	□	別紙二　技術職員名簿
	5	□	経営状況分析結果通知書　【原本】
	6	□	委任状　【原本】
	7	□	経営事項審査　手数料（印紙）　貼付書　※受審業種数に応じた金額か必ず確認して下さい。

2－1. 確認書類

※ 確認書類は返却しないためすべて写し（コピー）を提出してください。
※ 該当がないものは、提出不要です。（該当するものだけ提出してください。）
※ 単独決算か連結決算かの確認は、経営状況分析結果通知書にて確認してください。
※ 必要に応じて、これらの資料に加えて追加資料の提出を求める場合があります。
※ 詳細については、手引き（別添資料編Ｐ４９－６６）をご確認ください。

項目	No.	チェック	書類	備考
法人番号	1	□	法人番号指定通知書　または　国税庁法人番号公表サイトで確認した法人情報	
消費税関係	2	□	消費税確定申告書の控え　および　添付書類（付表２など）	両方とも提出
		□	消費税納税証明書（その１）	
工事経歴書 直３	3	□	工事経歴書（様式第２号）	
		□	工事請負契約書　または　「注文書と注文請書のセット」	
		□	直前３年の各事業年度における工事施工金額（様式第３号）	
自己資本額	4	□	貸借対照表（様式第15号） ※単独決算の場合は、添付不要 ※２期平均を選択した場合は、前期と当期を添付すること	
利益額	5	□	損益計算書（様式第16号）	
		□	法人税確定申告書（別表十六（一）及び（二）他	
			※単独決算の場合は、当期の損益計算書のみ添付すること ※連結決算の場合は、損益計算書と法人税確定申告書等どちらも前期と当期を添付すること	
常勤性の証明 雇用期間の証明	6		①掲載される全員分を添付（どちらかを添付）	
		□	健康保険及び厚生年金保険にかかる標準報酬の決定を通知する書面	どちらか１つ
		□	住民税特別徴収税額を通知する書面	
			②新規掲載者のみ（上記①のほかに、どちらかを添付）	
		□	事業所の名称が記載された健康保険証（健康保険組合が発行した資格証明書も可）	どちらか１つ
		□	雇用保険被保険者資格取得確認通知書	
			③継続雇用制度の適用を受けている者（上記の他に両方とも添付）	
		□	様式第３号「継続雇用制度の適用を受けている技術職員名簿」	両方とも提出
		□	継続雇用制度について定めた労働基準監督署の受付印のある就業規則	
技術職員の資格等の証明	7		①前回申請時と申請する資格が同じ技術職員	
		□	技術職員名簿の有資格区分変更等申出書（資格を変更していないにチェックして提出）	
			②新規掲載者	
		□	検定もしくは試験の合格証等の写し	
			③前回申請時から資格を変更する技術職員	
		□	技術職員名簿の有資格区分変更等申出書　※変更がない場合でも提出すること	両方とも提出
		□	検定もしくは試験の合格証等の写し	
			④３５歳未満で001,002及び099資格で申請する技術者	
		□	001、002及び099（学校教育法による所定学科を納めた専門学校卒業者）資格の技術職員名簿一覧表	
			⑤講習受講「１」の技術者	
		□	監理技術者資格者証　および　講習修了証　※講習受講「１」は毎年提出すること	

【関東地方整備局における確認書類一覧】 https:

2-2. 確認書類

項目	No.		書類	備考
雇用保険	8	□	労働保険概算・確定保険料申告書の控え ※労働保険組合発行の納入告知書・計算書と領収書の提出でも可	両方とも提出
		□	これにより申告した保険料の納入に係る領収済通知書	
健康保険	9	□	保険料の納入に係る領収証書（納入証明書も可）	
厚生年金保険	10	□	保険料の納入に係る領収証書	
建退共	11	□	建設業退職金共済事業加入・履行証明書（経営事項審査申請用）	
退職一時金制度 企業年金制度	12		退職一時金制度導入	どれか1つ
		□	中小企業退職金共済制度への加入を証明する書面	
		□	特定退職金共済団体制度への加入を証明する書面	
		□	労働基準監督署の受付印のある就業規則又は労働協約（退職金に関する規定部分も含めて提出すること）	
			企業年金制度導入	
		□	厚生年金基金への加入を証明する書面	
		□	適格退職金年金契約書、確定拠出年金運営管理機関の発行する確定拠出年金への加入を証明する書面	
		□	確定給付企業年金の企業年金基金の発行する企業年金基金への加入を証明する書面	
		□	資産管理運用機関との間の契約書	
法定外労災補償	13	□	（公財）建設業福祉共済団への加入を証明する書面	どれか1つ
		□	（一社）全国建設業労災互助会への加入を証明する書面	
		□	（一社）全国労働保険事務組合連合会への加入を証明する書面	
		□	中小企業等協同組合法の認可を受けて共済事業を行う者	
		□	労働災害総合保険若しくは準記名式の普通傷害保険の保険証券又は加入を証明する書面（のいずれか）	
ＣＰＤ	14	□	様式第４号「ＣＰＤ単位を取得した技術職員名簿」	
		□	各認定団体発行のＣＰＤ単位を取得を証する書面	
技能レベル向上	15	□	様式第５号「技能者名簿」	
		□	能力評価（レベル判定）結果通知書	
		□	審査基準日時点で稼働している工事の施工体制台帳の作業員名簿（または、これに準じるもの）	
ＷＬＢ	16	□	審査基準日時点で有効な「基準適合一般事業主認定通知書等」認定を受けていることを証する書面	
		□	審査基準日以降に取り消しまたは辞退した場合は、そのことを証明する書面　※該当する場合のみ	
ＣＣＵＳ	17	□	様式第６号「建設工事に従事する者の就業履歴を蓄積するために必要な措置を実施した旨の誓約書及び情報共有に関する同意書」	
民事再生法 会社更生法	18	□	「再生手続又は更生手続開始決定日」、「再生計画又は更生計画認可日」及び「再生手続又は更生手続終結決定日」を確認することができる書類の写し	
防災協定	19	□	国、特殊法人または地方公共団体との防災協定書	どちらか
		□	加入証明書　および　活動内容が確認できるもの（協定書・活動計画書等）	
営業停止 指示処分	20	□	営業停止命令書または指示書	
監査の受審	21	□	有価証券報告書　もしくは　監査証明書	
		□	会計参与報告書	
		□	建設業の経理実務の責任者のうち次に該当する者が「経理処理の適正を確認した旨の書類」に自らの署名を付したもの	
公認会計士等の数 1・2級登録経理試験	22	□	公認会計士法第２８条に規定する研修の受講を証明する書面	
		□	所属する税理士会が認定する研修の受講を証明する書面	
		□	登録経理試験に合格した年度の翌年度から５年を経過していない合格を証明する書面	
		□	登録経理講習を受講した年度の翌年度から５年を経過していない受講を証明する書面	
研究開発費	23	□	注記表（様式第17号の２）を２期分	
建設機械	24	□	建設機械の保有状況一覧表	
		□	売買契約書またはリース契約書 （メーカー側からの販売証明書等（＝製造番号がわかるもの）でも可）	
		□	特定自主検査記録表　または　自動車検査表　または　移動式クレーン検査証	
		□	カタログ　※前回受審時に評価対象となった場合は省略可	
ＩＳＯ等	25	□	エコアクション２１の認証を証明する書類と付属書	
		□	ＩＳＯ９００１　または　ＩＳＯ１４００１の登録証と付属書	

www.ktr.mlit.go.jp/ktr_content/content/000847136.pdf

年金保険標準報酬月額決定通知書」が原則として必要となり、後期高齢者等だと「住民税特別徴収税額決定通知書」等が求められます。

【7】技術職員の資格証等

技術職員として加点をもらうためには、保有する資格の合格証や免状の確認が必要です。有効期限がある資格は、期限管理を徹底してください。実務経験者を名簿に掲載する場合には、最終学歴や実務経験証明書を提出することもあります。

【8】雇用保険の加入がわかる資料

審査基準日（決算日）時点で雇用保険に加入し、きちんと保険料を納めているかを確認します。決算月で領収証が指定されていたり、当該年度分すべてを提示したりと、行政庁によってまちまちです。

【9・10】健康保険・厚生年金保険の加入がわかる資料

審査基準日（決算日）時点で、健康保険・厚生年金保険に加入し、きちんと保険料を納めているかを確認します。決算月の保険料を確認する行政庁が一般的ですが、その前後の月まで確認する行政庁もあります。協会けんぽの場合は、１枚の領収証で健康保険・厚生年金保険両方の保険料の支払いを確認することができます。

【11】建設業退職金共済加入履行証明書

いわゆる「建退共」の証明書です。加入しているだけでは証明書が発行されず、決算期間中に証紙の購入・貼付、手帳の更新が必要です。証明書の取得を諦めている社長も多いのですが、Ｐ点換算で約20点もあるので、なんとか加点を取りたいところです。

【12】退職一時金制度または企業年金導入のわかる資料

中小建設業者は中小企業退職金共済制度を利用していることが多いですが、自社で退職金制度を設けていてもＯＫですし、厚生年金基金や確定拠出年金といった厚生年金の上乗せになる制度を導入している場合でも加点になります。

【13】 法定外労災（上乗せ労災）の加入のわかる資料

保険会社の業務災害保険や傷害保険を利用している業者が多い印象です。ただし、①業務災害と通勤災害が対象、②後遺障害７等級まで補償、③下請負人まで対象、④すべての工事を対象、の４つすべてを満たすことが条件です。

【14】 ＣＰＤの単位取得を証する書面

ＣＰＤとは、Continuing Professional Developmentの略で、技術者の継続教育の取組みを令和３年４月から評価するようになりました。とてもわかりづらいので、５章で詳しく説明します。

【15】 技能レベル向上者数がわかる資料

これも、令和３年４月から審査項目に加わりました。ＣＣＵＳ（建設キャリアアップシステム）で技能者の技能レベルを見える化する取組みが始まっていますが、３年以内に認定能力基準のレベルが上がった人について加点されます。

【16】 ワーク・ライフ・バランス（ＷＬＢ）にかかる認定通知書

令和５年１月から、女性活躍推進法にもとづく認定（えるぼし）、次世代法にもとづく認定（くるみん）、若者雇用促進法に基づく認定（ユースエール）が、経審の評価項目に加わりました。複数の認定を取得している場合は、最も配点の高いものが評価対象となります。

【17】 ＣＣＵＳの実施状況にかかる誓約書および情報共有に関する同意書（様式第６号）

ＣＣＵＳを一層普及させるため、審査基準日前１年間のＣＣＵＳ

実施状況が評価項目に加わりました。日本国内以外の工事、建設業法施行令で定める軽微な工事、災害応急工事を除いた民間工事を含むすべての建設工事で実施している場合はW点で15点、すべての公共工事で実施している場合はW点で10点の加点となります。

なお、この項目は、令和５年８月14日以降を審査基準日とする申請より評価対象となります。

【18】民事再生法・会社更生法の適用がわかる資料

再生期間や更生期間中は60点減点され、再生・更生手続き終結決定日以降は営業年数が０からスタートすることになります。減点を避けるために再生や更生の事実を隠して申請することは当然ながら虚偽申請となります。

【19】防災協定の締結がわかる資料

この項目で加点をもらっている中小建設業者は、９割がたが自治体等と防災協定を締結している協会や組合に加入しているケースです。この場合、協会や組合の加入証明書と、その協会や組合が締結している協定書の写しが必要になります。

【20】営業停止命令書または指示書

審査対象の事業年度中に営業停止処分または指示処分を受けている場合には、経審で減点されます。行政庁によっては、資料が不要なこともあります。

【21】監査の受審状況に応じた確認資料

ここで加点されるケースとしては、①会計監査人設置会社、②会計参与設置会社、③社内の公認会計士か税理士か１級登録建設業経理士のいずれかが「経理処理の適正を確認した旨の書類」を提出する場合の３通りがあります。

【22】会計士、税理士、建設業経理士等の資格証および講習受講の資料

令和５年４月より、資格証を持っているだけでは加点対象とならず、きちんと所定の講習を受講していることが条件に加わりました。

【23】研究開発費のわかる注記表

これは、会計監査人設置会社に限った審査項目であり、また、研究開発費の２年平均の額が5,000万円未満では点数がつかないため、中小建設業者ではあまり使う機会はありません。該当する場合は、注記表への記載モレに注意してください。

【24】建設機械の特定自主検査記録表や車検証等

令和５年１月から、ショベル、ブルドーザー、トラクターショベル、モーターグレーダー、大型ダンプ、移動式クレーンの６種類に加え、ダンプ（土砂の運搬が可能なものすべて）、締固め用機械、解体用機械、高所作業車が評価対象に加わりました。容量や自重等の条件がつくものもあり、所有またはリース契約の確認も必要です。

【25】ISO9001、ISO14001の登録証、エコアクション21の認証書

従来から評価対象だったＩＳＯに加え、令和５年１月からエコアクション21が評価対象に加わりました。これら認証範囲に建設業が含まれていること、建設業許可上の営業所が対象事業所にすべて含まれていることが必要です。登録証と一緒に附属書がある場合は、そちらも一緒に提出します。有効期限にも注意してください。

経審の各審査項目についての確認資料をざっと確認しました。行政庁によって多少の違いはありますが、どのような書類で確認しているのかがイメージできれば、ここでは十分です。なお、【14】と【15】は令和３年４月の改正で新たに加わった審査項目ですが、とてもわかりづらいので、５章で改めて解説します。

1-5 入札参加登録（入札参加資格審査申請）を攻略しよう

入札参加登録には２つの審査がある

ここまで、経審についてひととおり説明してきました。経審の申請を終えると、経審結果通知書が手元に届きます。しかし、この結果通知書をもらうだけでは、入札に参加することはできません。次に、入札に参加したい行政や各種団体に対して「**入札参加登録**」（入札参加資格審査申請）を行なう必要があります。

入札参加登録では、大きく分けると２つの審査が行なわれます。１つは「**客観的審査**」で、経審の点数をそのまま評価としているところがほとんどです。法令に定められた全国統一のルールによって数値化しているのが経審の点数なので、これがそのまま客観的審査として採用されています。

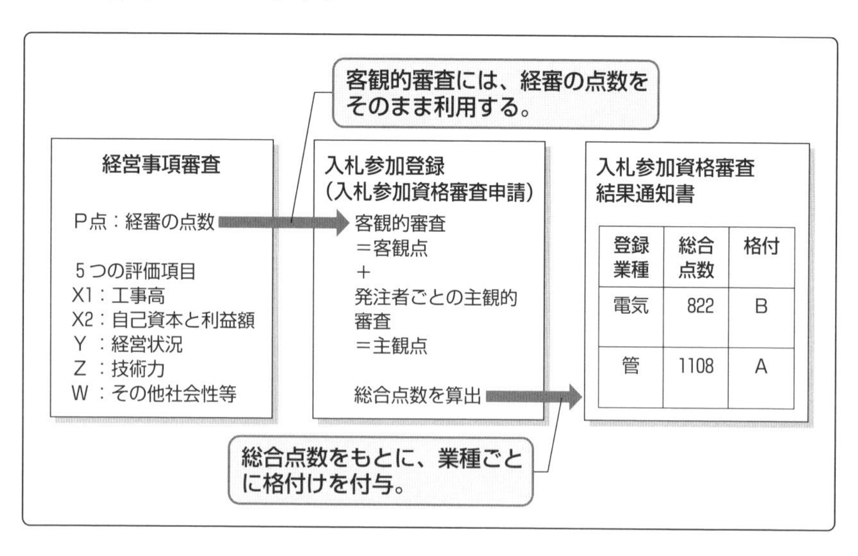

もう１つは「**主観的審査**」で、登録する役所や団体が独自に設定している項目についての審査です。登録する役所や団体の意向や地

域性などを考慮して、主観的に設けている審査項目といえます。

主観的審査には主に次の２つのパターンがあります。

①経審の点数にゲタを履かせるパターン

イメージしやすいように、このパターンで用いられることが多い主観的審査の項目をいくつか例示しておきましょう。

- 当該発注者の工事成績評価点
- 障害者雇用率は達成か非達成か
- ＩＳＯやエコアクションの取得状況
- 建設業労働災害防止協会の加入の有無
- 次世代育成支援対策推進法にもとづく一般事業主行動計画の策定
- 監理技術者や１級資格者の在籍人数
- 地元高校からのインターン生の受け入れ
- 保護観察所の協力雇用主として登録されているか等

私は上記のすべてを確認したわけではありませんが、一般的には地元への貢献度合いや社会的な取組みを評価する項目が多いようです。これらの項目に１つ当てはまるごとに経審の点数に10点加算したり、資格者の人数に応じて「５点×人数分」を加点したりして、経審の点数に＋αの主観的点数を加算した総合点数として算出します。

経審の点数が思っていた点数に届かなくても、主観的点数で加算を得ることで希望の総合点数を得られることがあるので、経審（客観的審査）対策だけではなく、主観的審査対策も並行して進めることが必要になります。

②主観的審査独自の評価基準を持っているパターン

主観的審査のもう１つのパターンは、客観的審査の評価基準とはまったく別の評価基準を持っているケースです。イメージしやすいように、このパターンで用いられることが多い主観的審査の項目を例示してみると、次の項目があげられます。

●過去の工事実績で最も金額の大きい実績
●監理技術者や１級資格者の在籍人数　等

たとえば、埼玉県の土木工事業の格付基準を見てみると、次のようになっています。

格付	客観点数＋α	１級資格者の人数
Ⓐ	1,100点以上	10人以上
A	850点以上	3人以上
B	710点以上	1人以上
C	620点以上	なし
D	上記に該当しない場合	

埼玉県の場合、主観的審査の①パターンで経審の点数「＋α」の加算もしつつ、１級資格者の人数を②パターン独自の格付基準としています。

たとえば、客観点数＋αが1,200点だとしても１級技術者が８人の場合には、格付はⒶではなくAランクとなります。逆に、１級技術者が15人いても客観点数＋αが1,000点の場合にも、格付はⒶではなくAランクとなります。つまり、上の表でいえば「客観点数＋α」の基準と「１級資格者の人数」の基準の両方でⒶの基準を満たしていなければ、Ⓐのランクにはならないわけです。

「経審を受けて入札参加登録をすれば入札に参加できる」というのは簡単ですが、奥が深い客観的審査に加え、発注者独自の主観的審査まで出てくると、客観的審査である経審は法改正によってしばしば変わりますし、主観的審査は多岐にわたるため、これらをすべて把握して取り組んでいくのはなかなかに大変です。

社長１人で取り組んでもらっても何かしらの成果は出ると思いますが、常日頃から経審と入札について研究し、常にアンテナを張っている行政書士とともに二人三脚で取り組むほうが、成果は早く出るのではないかと思います。

1-6 経審と入札の参謀となり得る行政書士の見つけ方

参謀となり得る行政書士の３つの判断基準

経審と入札について行政書士に依頼する前に、知っておいてほしい、参謀となり得る行政書士を選ぶ３つの基準を紹介しましょう。

行政書士と税理士と社長がチームとなって、公共工事の受注を通して会社に売上と利益を生み出せるようになることが私の考える「あるべき姿」です。

①手続きだけでなく、＋αの引き出しを多く持っている

お客様から、「お詳しいですね」とか「やっぱり専門家は違いますね」と言っていただくことがあります。しかし、それと同時に、「前の行政書士さんはそんなことを教えてくれなかった」と言われることもあり、なんとも申し訳ない気持ちになります。でも、よくよく考えてみると、至極当たり前の話なのです。

行政書士は、行政書士法という法律によって、その業務内容が定められています。そこには「行政書士は、他人の依頼を受け報酬を得て、官公署に提出する書類（中略）を作成することを業とする」とあり、書類の作成（と提出）が本来的な行政書士業務です。経審であれば建設業許可の決算（事業年度終了報告）届・経営状況分析・経営事項審査の書類の作成と提出、入札参加登録であれば各行政や団体への申請書類の作成と提出が、本来的な行政書士業務です。

したがって、経審と入札の手続きを依頼された行政書士からすれば、経審については決算が終わってからが出番ですし、きちんと書類を作成して期限内に提出ができていれば本来的な業務としては完結しており、何のミスも落ち度もないわけです。

もちろん最近は、書類の作成・提出だけではなく、コンサルティ

ングや顧問契約などでサービスの拡充に取り組む行政書士も増加傾向にあります。したがって、行政書士に依頼するのであれば、「手続きだけではなく、経審点数をアップするためのコンサルをしてほしい」とか「決算を組む前から関わってほしい」という具合に、本来の行政書士業務+αを望んでいることをきちんと明確に伝えるとよいでしょう。

②決算書が読めて「経営数字」について話すことができる

私自身、算数や数学が苦手な根っからの文系なので人のことを言える立場にはないのですが、行政書士は法律系の資格ということもあり、文系の人が多い印象です。そのせいか“数字”に対して漠然とした不安や苦手意識を持っている人が多いようです。

経審と入札、特に経審においては、やはり決算書と建設業財務諸表の理解は避けて通れません。しかし、これらの理解は算数でも数学でもなく、「経営数字」を表現するための「しくみ」を理解しているかどうかの問題です。数学が苦手だからとついつい「経営数字」から目を背けている人は実にもったいないことをしていると思いますし、「経営数字」の理解は社長とより深い関わり方をするために必要な共通言語です。

したがって、俗にいわれる「決算書が読める」という状態がよいのはいうまでもなく、会計原則や決算書のしくみを把握したうえで、経審や入札について語れる行政書士を探すとよいでしょう。

ちなみに、私がどうやって数字に対する苦手意識を克服したかというと、一般社団法人キャッシュフローコーチ協会において和仁達也さんから直接学んでお金の流れを把握する術を身につけたことで、自信をもって決算書や「経営数字」について社長にも話せるようになりました。

③会社のために、税理士を巻き込むことができる

私自身も開業から5年くらいは何となく抵抗があったのですが、

税理士の作成した決算書や申告書に口を出しては失礼だと、つまり行政書士は決算書や会計の専門家ではないので、口を出すべきではないと思っていました。おそらくいまでもそう思っている行政書士は少なからずいるのではないかと思います。これには２つの理由があります。

１つは、税理士から仕事をもらうことが多いという営業上の理由です。いつも仕事を紹介してくれる税理士や、社長が全幅の信頼を置いている税理士に対し、ミスを指摘したり、会計処理を改めてもらいたいと要望を出したりするのは、スポット業務の行政書士にとっては、なかなか言いづらいものがあります。

もう１つは、税務や会計のプロである税理士のつくった決算書は正しいだろうと思っているからです。「われわれ行政書士よりも常日頃からプロとして数字に触れている税理士の決算書は正しいものだ」という意識が根強くあるように感じます。たしかに、会計業務や決算書の作成は税理士のほうが長けていると思いますが、私は**決算書と建設業財務諸表は言語の違う別モノ**だと考えています。

別モノなので、税理士の作成した決算書を建設業財務諸表に“翻訳”する必要があり、この翻訳については行政書士が専門家としてガッツリと関わることができる部分であると確信しています。これについては、３章で改めて説明します。

以上の３つを判断基準にして行政書士を選んでいただければ、社長にとって会社にとって売上と利益をもたらしてくれる行政書士と出会えるのではないかと思います。

もちろん、純然たる経審手続きだけを依頼したいという社長もいるでしょう。弊社にもそういう依頼も、もちろんあります。それはそれでアリだと思います。自社で何をやり、何を外注するのか、自社でできることと自社に足りないものは何なのかを改めて考えてみるとともに、経審と入札について行政書士を選ぶうえで参考になれば幸いです。

1-7 入札制度もいろいろあるので知っておこう

入札制度にもさまざまな種類がある

経審と入札についての基本的な事項を説明してきましたが、本章の最後に、入札制度の種類について触れておきたいと思います。

①一般競争入札

一口に「入札」といってもさまざまな入札方式がありますが、入札といわれて一番に思いつくのがこの入札方式だと思います。特に条件などをつけずに案件を公表し、入札参加資格を有している建設業者から広く応札してもらう方式です。

条件がつかないため、一番低い金額で応札した業者が落札することになります。ただし、発注者側であらかじめ決めた最低制限価格を下回る金額で応札した場合は失格となります。

価格勝負なので、中小建設業者でも十分に勝負できるのがよい点である反面、低価格になりやすく利益が出づらいのが難点です。

②見積もり合わせ

これは、小規模な工事案件や緊急性が高い工事案件で行なわれる入札方式で、簡易的な一般競争入札というイメージの入札方式です。

発注者によって基準は異なりますが、おおむね100万円前後までの案件かつ出先機関の長（たとえば、小学校長や福祉センター長等）の決済で契約できる範囲内の工事案件の場合に主に利用されています。

大型の入札案件を受注するよりも小さい工事を数多くこなしていく点で御用聞き的な要素があり、地元で歴史のある中小建設業者が強い入札方式という印象です。

③指名競争入札

一般競争入札とは異なり、入札参加資格を有している建設業者のなかから一定の基準にもとづき、「こういう案件があるので入札に参加してください」と声をかけて、発注者側で応札業者を指名し、指名された業者のみが応札できる入札方式です。

発注者側からすると、地元業者を指名できたり、一定の能力担保をしたうえで入札ができるというメリットがありますが、新規参入がしづらく、談合の温床になりやすいというデメリットも考えられます。

④希望制指名競争入札

通常の指名競争入札では、発注者側で指名する業者を決めますが、この希望制指名競争入札では、「こういう案件があるので入札に参加したい人は手を挙げてください」と呼びかけるにとどまります。

その工事の入札に参加したい建設業者は、その呼びかけに対して「その工事をやりたいです！」と手を挙げて希望を伝えます。発注者は、希望してきた業者のなかから実際に応札してもらう業者を指名して、入札を実施します。東京都内や都下の自治体で広く採用されている入札方式です。

公共工事の実績がある場合には指名される可能性が高まるので、実績がある業者にはチャンスかもしれません。

⑤随意契約

読んで字のごとくですが、入札を行なわずに取引業者を決める例外的な契約方式です。

工事の専門性の高さや特殊性などから、最初から特定の１社と契約する「特命随意契約」もあれば、もともとは入札を行なったけれども不調や不落となってしまった案件について、応札業者と最低価格で契約を認める「不落随意契約」などがあります。

建設業者からすれば、随意契約は100％契約に至るのでメリットもありますが、なかなか狙ってできるものではないというのが実際のところです。

⑥総合評価方式

これは、一般でも指名でも利用されますが、従来の価格のみで決まる入札を見直し、価格以外の要素を評価する入札方式です。価格以外の要素は案件によりさまざまですが、配置技術者の資格の有無、優良工事業者としての表彰の有無、省資源化や環境対策、技術的提案などがあげられます。入札金額を点数化し、これに価格以外の要素を点数化したものを加算して、点数が高い業者が落札します。例を示したほうがわかりやすいので、下の例で見てみましょう。

	入札金額（価格点）		技術評価点		最終評価点
A社	7,000万円（100点）	＋	15点	＝	115点
◎B社	7,500万円（ 95点）	＋	25点	＝	120点

入札金額はA社のほうが安いので、通常の入札であればA社が落札します。しかし、総合評価方式の場合、価格を点数化し、そこに技術評価点を加え、最終評価点が高い業者が落札します。ここではA社の技術評価点は15点、B社は25点なので、最終評価点はB社の点数がA社を逆転してB社が落札者となります。

価格競争が行き過ぎて健全な入札が阻害されることが多かったために生まれた入札方式ですが、比較的規模の小さい工事案件ではあまり使われていないのが現状です。

本章では、経審と公共工事に取り組むメリットに始まり、手続きの流れや経審のメカニズム、入札参加登録や入札制度まで、経審と入札の全体像を説明しました。ここで伝えた内容を踏まえ、どのように戦略的に経審と入札に取り組んでいくのかというディープな話については3章以降で明かしていきます。

公共工事を受注するために必要な３つの思考法

2-1 多くの建設業者が陥る３つの間違い

通信簿なので点数が高いほどよいという思い込み

１章で「経営事項審査」（経審）についてざっと説明しましたが、経審は「建設業者の通信簿」のように表現されることが多く、私もお客様に説明するときは「通信簿」という言葉を使っています。

これは、イメージしやすいという点ではよいのですが、経審が通信簿とは大きく違う点が１つあります。それは、**点数が高ければ高いほどよいとは限らない**ということです。

通信簿は成績表なので、評価時点でのテストや活動についての評価であり、１つのゴールです。つまり、学校ではよい成績を取ること自体が１つのゴールとなっているのに対し、経審は点数を取ることがゴールではなく、**公共工事を受注するための入口**に過ぎません。

また、学校の成績であれば100点満点がよいに決まっていますが、経審においては**100点満点が必ずしもよいとは限らない**のです。

たとえば、経審の点数が800点台でＢランクを得て、公共工事の受注も順調だった建設業者がありました。その後、たまたま業績が好調な年があり、経審の点数が900点台になりました。

900点台になると東京都ではＡランクになるため、より大きな工事が受注できる可能性があるわけですが、その一方でスーパーゼネコン等のより強力な相手と戦う必要が出てきます。

入札では、最低制限価格にひっかからない範囲で安いほうが勝ちになるので、価格競争力で有利な大手と戦うのは中小建設業者にとっては不利と言わざるを得ません。

それでも上をめざすというのであれば、それはそれで１つの選択肢なのでアリだとは思います。

ただし、工事の内容によっては、**上のランクになるほど発注され**

ないようなケースも出てきます。

たとえば、東京都の建築工事でAランクの発注案件を見てみると、庁舎や都営住宅等の新築工事や建替え工事がほとんどで、大規模修繕工事や改修工事といった案件は見つけるのが困難です。

新築工事を得意としている会社であればよいですが、共同住宅やビルの大規模修繕工事を専門としている建設業者にとっては、Aランクの工事だと自社の強みを発揮できないわけです。

このように、経審の点数を高くして格付けを上げることが正解なこともあれば、それが必ずしも会社にとって正解とはいえないこともあるのです。

この点、行政書士のホームページを見ていると、「経審点数アップのアドバイスを行なっています」という記載をよく見かけます。もし、あなたの会社が参謀となる行政書士を探しているのであれば、経審の点数は上がればよいものではない、ということを念頭において、いろいろな行政書士を当たってみることをおすすめします。

点数は申請してみないとわからないという思い込み

経審から入札までの手続きの一般的な流れは、1章でも図示しましたが、下図のように階段を一歩一歩のぼっていくイメージです。

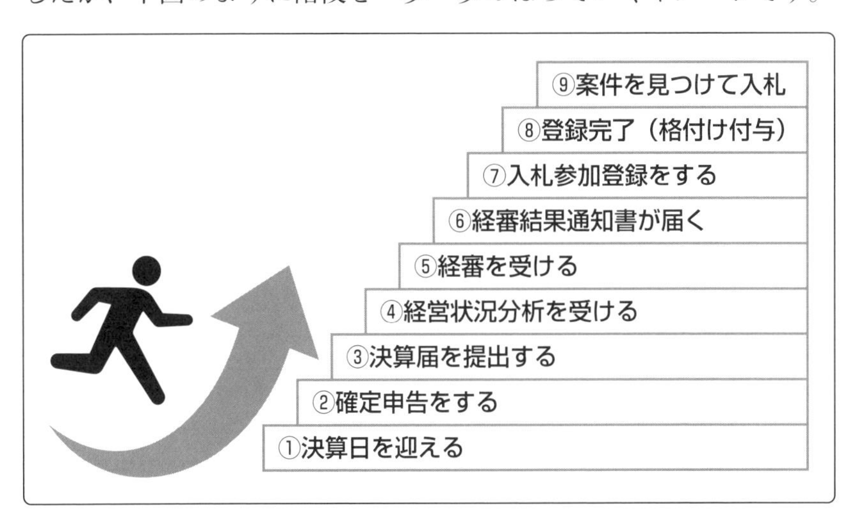

どうしてこの順序になるかというと、「役所の出している手引きや市販の本にそう書いてあるから」というのが大きな理由だと思います。

たしかに、この流れは手続きする順番としては正解です。

①決算日を迎え、②2か月後には確定申告を済ませ、③その後に建設業許可の決算（事業年度終了報告）届を準備して…という具合に、一部で同時進行したり順序が逆転したりすることもありますが、経審を受けるためには1つひとつの手続きを順序立てて進めていく必要があります。

この手続きの順序が浸透しているせいか、私が経審のお手伝いをしていると、経審の結果が出てから、「売上が上がったのに、経審の点数が下がったのはなぜですか？」と質問されたり、「もっと点数が上がると思ったけど、意外と伸びなかったなぁ」と残念がる声があったりということが後を絶ちません。

最近は、経審の点数についての簡易な計算ツールや、経審の申請書類作成ソフトの機能が充実していて、事前に経審の点数を試算したりシミュレーションしたりすることができます。

しかし、実際に経審を申請してみると、技術職員の資格証の有効期限が切れていて加点をもらい損ねたり、行政庁の解釈の違いによって申請したい業種の工事実績として認めてもらえなかったりで、どうしても事前に試算した点数とズレてくることがあります。

さらに、そのズレの最大の原因となるのが「経営状況分析」（Y点）です。もっといえば、経営状況分析のベースとなる建設業財務諸表（決算書）に原因があることが多いのですが、売上を水増ししたり、支出を過少に調整したりして、決算書の数字を決算後に動かすことは、虚偽になるため当然できません。

このような理由から、決算を締めた後でなければ経営状況分析の「Y点」、ひいては経審の総合評価点である「P点」は、わからないと思われている社長が多いのです。

ついつい売上を求めてしまう売上至上主義

経審の評価項目「X1」は、「完成工事高」という文字どおり、各業種の工事売上金額についての評価項目です。

建設業者の売上は、どうしても波があるので単年度では評価せずに、今期と前期の２年平均か、今期と前期と前々期の３年平均のいずれか都合のよいほうを選択することになっています。

したがって、複数の業種で経審を受けている場合は、たとえば、「土木は２年平均のほうが点数がよいけど、建築は３年平均のほうが点数がいいんだよなぁ…」と、どちらの点数を優先したほうがよいか、悩んだ経験があるのではないでしょうか。

そもそも、経審の５つの評価項目をどのように評価して点数化するのかについては、建設業法・建設業法施行令・建設業法施行規則の各条文をどれだけ探しても出てきません。実は、５つの評価項目については、「建設業法第27条の23第３項の経営事項審査の項目及び基準を定める件」という国土交通省告示と、「経営事項審査の事務取扱いについて（通知）」という国土交通省から各行政庁向けに出ている通知により定められています。

これらのなかに、X1の点数算出についての表が設けられていて、告示と通知をまとめると次ページ表のようになります。

この表では途中を省略していますが、X1の評点表は全部で42段階に区分されていて、正直いってあまり見る気にならない表です。

しかし、安心してください。社長がこの表を頭に入れておく必要はまったくありません。ふだんから経審と入札に触れている私でも、この表はまったく頭に入っていません。

もちろん、自社の売上を当てはめてみてX1の点数が何点くらいになりそうなのかを把握しておくに越したことはありませんが、むしろ大切なのは、そこではありません。

この後で説明しますが、X1について覚えておいてほしいことは１つだけです。

許可を受けた建設業に係る建設工事の種類別年間平均完成工事高	X1の点数計算式（年間平均完成工事高は「千円」単位）
1,000億円以上	2,309
800億円～1,000億円未満	114×（年間平均完成工事高）÷20,000,000＋1,739
600億円～800億円未満	101×（年間平均完成工事高）÷20,000,000＋1,791
500億円～600億円未満	88×（年間平均完成工事高）÷10,000,000＋1,566
400億円～500億円未満	89×（年間平均完成工事高）÷10,000,000＋1,561
（中略）	
10億円～12億円未満	39×（年間平均完成工事高）÷200,000＋811
8億円～10億円未満	38×（年間平均完成工事高）÷200,000＋816
（中略）	
2億円～2億5,000万円未満	28×（年間平均完成工事高）÷50,000＋678
1億5,000万円～2億円未満	34×（年間平均完成工事高）÷50,000＋654
1億2,000万円～1億5,000万円未満	26×（年間平均完成工事高）÷30,000＋626
1億円～1億2,000万円未満	19×（年間平均完成工事高）÷20,000＋616
（中略）	
1,000万円～1,200万円未満	11×（年間平均完成工事高）÷2,000＋473
1,000万円未満	131×（年間平均完成工事高）÷10,000＋397

たしかに、売上（年間平均完成工事高）が増えれば点数が上がるというのは正しいです。売上が１億円よりは２億円、２億円よりは３億円と、売上が上がるほどX1の点数は上がっていきます。これはX1について間違いのない事実です。

しかし、売上１億円の会社の売上が２億円になった場合と、売上10億円の会社の売上が11億円になった場合とでは、そのインパクトは全然違います。金額では同じ１億円アップですが、前者は売上倍増、後者は10％アップです。そして、これが点数にも現われているのです。

まずは、売上１億円の会社について、前ページの表を使って計算してみましょう。

売上１億円 …… 19×100,000（千円）÷20,000＋616＝711点
↓
売上２億円 …… 28×200,000（千円）÷50,000＋678＝790点

売上が１億円アップしたことで、79点（Ｐ点換算で19.75点分）もアップしているのがわかります。

一方、売上10億円の会社について計算してみましょう。

売上10億円 …… 39×1,000,000（千円）÷200,000＋811＝1,006点
↓
売上11億円 …… 39×1,100,000（千円）÷200,000＋811＝1,025点

売上10億円の会社では、売上が１億円アップしても、19点アップ（Ｐ点換算で4.75点分）にとどまります。つまり、中小建設業者の社長に覚えておいてほしいことは、売上が増えればX1の点数も増えますが、その増え方は一定ではなく、だんだんと減っていく（逓減していく）ということです。前ページの表をグラフで描くと、次のような曲線を描きます。

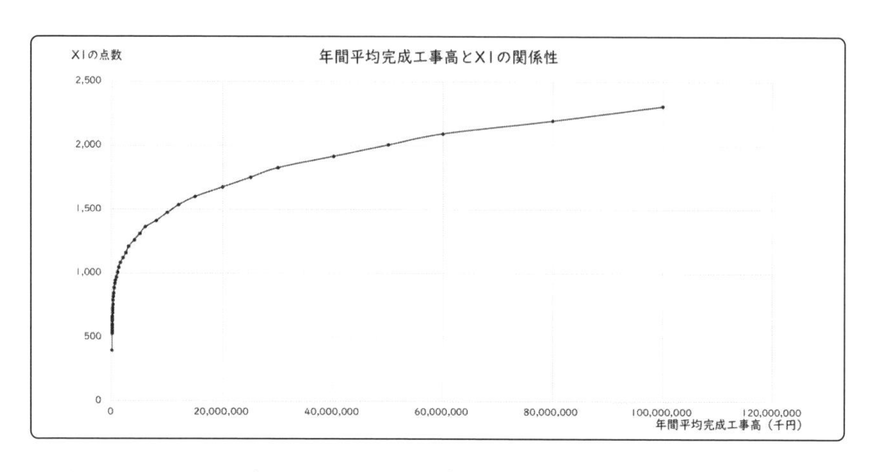

上のグラフは、年間平均完成工事高（横軸）の数値が大きすぎるので、売上１億円までの部分を拡大すると、下図のようなグラフになります。

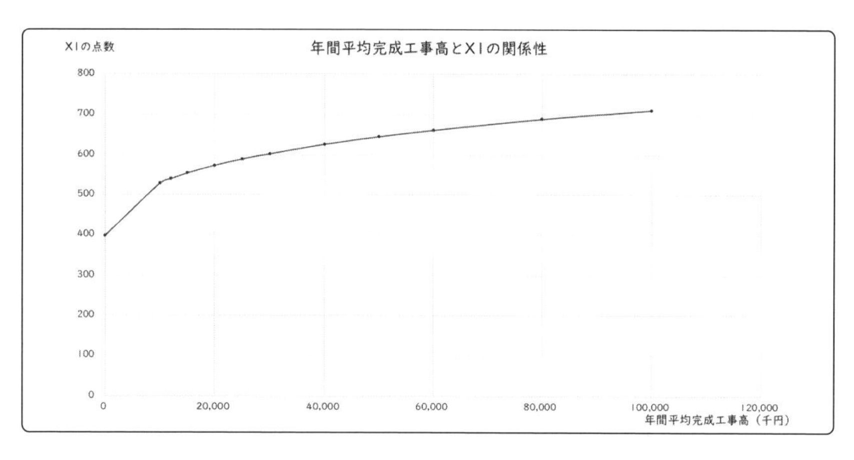

いずれのグラフも、増え方がだんだんと減っている（逓減している）のがわかります。これを見て「なるほど」と思っていただけたかとは思いますが、ここまではあくまでもX1の点数計算方法とデータ分析でしかありません。本当に大事なのは、これを自社にどう活かすかです。

たとえば、ここ数年の売上が３億円前後で推移している会社があったとします。現在の経審の点数は814点ですが、次の経審では850

点を取りたいと考えています。

このときに、X1以外の項目が前年とまったく同じだとして、今期の売上はいくら必要でしょうか？　２倍の６億円くらいですか？　それとも３倍強の10億円くらいは必要でしょうか？　直感でよいので考えてみてください。

答えをいってしまうと、必要な売上はなんと約15億円です。あなたが想像した数字と比べていかがだったでしょうか。私は正直驚きました。

売上３億円前後で推移していた会社が、いきなり15億円の売上をあげないといけないのです。現実的に考えて、１年で達成できますか？　おそらく99％の方が「無理っ！」というと思います。人の採用や育成、営業戦略やマーケティングにお金と時間をかけて数年後に達成するならまだしも、１年でというのはやはり現実的ではありません。

したがって、たしかに売上が上がれば経審の点数も上がりますが、その上がり方はどんどん鈍くなるので、中小建設業者はそれ以外の方法（他の評価項目）で点数を上げていく必要があるのです。職員数や財務状況は会社ごとに違うので、一概にどこをどうしたらよいとはいえませんが、少なくとも１年で売上を３億円から15億円まで引き上げるよりは現実的な点数アップ策があるはずです。

このように、売上はある程度のところまでは上げつつも、それ以上はあえて追い求めず、売上以外の評価項目で確実に点数を拾っていく。これが「逃げるは恥だが役に立つ理論」、通称「逃げ恥理論」です。

中小建設業者の社長は、ついつい売上に目がいきがちですが、経審においては５つの評価項目全体に目を配り、売上規模では多少カッコ悪くても、最終的に入札で勝ち抜くことが大切です。

2-2

受注のために必要な思考法①
入札についてのゴールは明確か

受注がうまくいっている会社の共通点とは

前項で多くの建設業者が陥る３つの間違いをご紹介しましたが、この項からは、**中小建設業者が公共工事を受注するために必要な３つの思考法**を紹介していきます。公共工事を最短で受注するためにも、ぜひ覚えておいてください。

経審を初めて受ける方は、「儲かりそうだから、公共工事に参入したい」とか「下請だけだと不安だから、いまのうちに役所の仕事を始めたい」など、その理由はさまざまです。

また、すでに経審を受けて入札に取り組んでいるけどなかなか受注に結びつかない方からは、「数打てば当たると思ってあちこちの入札に参加しているけど、なかなかうまくいかない」という声をよく耳にします。もちろん、このようなやり方でも受注できるかもしれませんが、受注は単発で終わってしまう印象が強いです。

では、公共工事の受注がうまくいっている会社との違いは何でしょうか？　実は、うまくいっている会社には共通点があります。

それは、「公共工事を受注したい」という願望や希望のままにしておくのではなく、**「公共工事を獲得する！」という確固たる決意**で経審と入札に取り組んでいることです。

私は、初めて面談する会社には、必ず次の質問をします。この質問により具体的に、明確に答える会社ほど、最初の落札に至るまでが早かったり、公共工事で売上を伸ばしている傾向があります。

●どこの役所の　●どの業種の
●どれくらいの金額（規模）の工事　をとりたいですか？

売上が20億円を超えるような会社であれば話は別ですが、売上10億円以下の中小建設業者においては、さまざまな役所からまんべんなく仕事を獲得するのはとても難しいです。

業法上の制約や人的な問題、ライバル会社の存在などさまざまな理由はありますが、行政書士の視点でいわせてもらうと、役所によって格付けのしかたがバラバラなので、すべての役所において100％希望どおりの入札参加登録を行なうことは、中小建設業者にはできないからです。

できないのであれば、やるべきことは「**選択と集中**」です。入札（公共工事）におけるゴールを明確にしたら、そこに力を集中させていくわけです。たとえば、こんな具合です。

- 渋谷区の
- 舗装工事または一般土木工事で
- 2,000万～5,000万円くらいの工事を
- 来年度中に１件受注する！

いかがでしょうか。いつまでに、何件ということが明確だと、よりいいですね。このようにゴールが明確になれば、あとはそこに集中するだけです。集中することで、次にやるべきこと、すべき行動が明確になります。

いままで漠然と入札に取り組んでいたという会社は、ぜひ自社の獲得したい公共工事を明確にしてみてください。

そして、この「選択と集中」は、以下のようなメリットをもたらしてくれます。

メリット①：見えないコストの積算のムダが減る

公共工事に実際に入札をする際には、入札金額を決めるために、発注書や仕様書を見ながら見積りを作成する必要があります。いわゆる「積算」です。予定価格が事前に公表されている場合であれば、

先に入札金額を決めて後から積算することもあるかもしれませんが、基本的には「積算をして、入札金額を決めて、入札する」というのが原則です。

この積算の作業がけっこう大変で、どの会社も苦労しています。落札できればその努力は報われますが、落札できないと積算をしていた時間は完全にムダになり、１円にもなりません。役所が積算した時間分の手当を払ってくれるはずもなく、「積算していた時間を返して…」といいたくもなりますね。

しかもこれは、社長から見れば、スタッフの時間と、その分の賃金、そして精神的ダメージといった目に見えないコストも発生していることになります。新たにお金が出ていくわけではないですが、１円も生み出さないことにコストをかけるのは誰だって嫌なものです。

これをさまざまな入札参加登録先でやっていたらどうでしょうか。「数打てば当たる」作戦でいける業者はいいですが、中小建設業者においてはなかなかそうもいっていられません。

そこで、入札参加登録先を「選択」して絞る（集中する）ことで、闇雲に積算をしている手間と時間のムダを減らすことができます。

メリット②：登録の手間と行政書士への手数料が減る

さまざまな役所や団体に入札参加登録をしていると、まずその管理が大変です。東京都は２年に一度で12月頃の受付だったな、埼玉県の次の追加受付期間はいつかな？　などと、入札参加登録をしている団体が増えれば増えるほど、その有効期限の管理や定期受付の時期を常に気にしていなければなりません。特に、定期受付は秋・冬に集中するので、この時期はそれにつきっきりという会社もあります。

また、たとえば、入札参加登録後に会社の所在地を変更したり、代表者の交代があったりすると、入札参加登録先に変更届を提出する必要があります。それらの届出について必要書類や送付先を１つひとつ確認しながら進めなければいけませんし、中央省庁のように定期受付は電子申請が可能なのに変更届は紙で提出という役所もあり、これは本当に手間がかかります。社内に入札参加登録の担当者がいる場合には、その担当者のプレッシャーは相当なはずです。

この点、「選択と集中」で入札参加登録先を絞ることで、管理が楽になり、手間も減るのはいうまでもありません。

また、行政書士である私がいうのもなんですが、これらの手続きを行政書士に依頼している建設業者であれば、手続きにかかる手数料を行政書士に支払っていると思います。入札参加登録先を絞れば、申請件数や届出件数が減るので、行政書士に支払う手数料を節約することにもつながります。

行政書士からすれば、入札参加登録先が多ければ多いほど手数料が増えるのでありがたいわけですから、ふつうなら「選択と集中」なんて話はしません。しかし、私の仕事は「入札コンサルティングを通して建設業者の売上に貢献する」ことです。入札参加登録をすることがゴールではなく、戦略的に経審と入札に取り組むことでお客様に公共工事を受注してもらうことがゴールなので、行政書士としての手数料が減るような話も平気でしています。

メリット③：より効果的に経審を受けることができる

前述しましたが、役所によって入札参加登録の業種の区切り方、格付けのされ方がまちまちです。たとえば、令和5年7月現在、東京都では「建築工事」でAランクを取得するには、建築一式工事業の経審点数は900点以上が必要ですが、同じAランクでも国土交通省では1,100点以上、神奈川県では930点以上がそれぞれ必要です（役所独自の加点項目もありますが、ここでは無視しています）。このことからもわかるように、すべての役所で「Aランクになりたい」というのは、中小建設業者には困難を極めます。

また、1つの役所でもいろいろな業種で登録したい会社もあると思います。実は、これも危険な発想です。

経審は、その業種の建設業許可を取得していれば、売上がゼロでも受審することができます。したがって、取得している許可業種すべての経審を受けている業者がたまにありますが、私からすれば「もったいない」と言わざるを得ません。結局これも、「数打てば当たる」という発想、あるいは「とりあえず満遍なく受けておけば、どこかでひっかかるだろう」という発想からきています。

そこで、経審と入札に漠然と取り組むのではなく、「選択」することによって、「①どこの役所の、②どの業種の、③どれくらいの金額（規模）の工事をとりにいくのか」を明確にし、その工事をとるために、今度は経審をそこに「集中」させていきます。

経審には、完成工事高の業種間の「積上げ」（行政庁により「振替」「移行」と呼ぶこともあります）という制度があります。内装工事の売上を建築一式工事の売上に合算したり、舗装工事の売上を土木一式工事の売上に合算したりして、経審を受けることが認められています。たとえば、内装５億円、建築一式１億円であれば、積上げ制度を活用して建築一式６億円として経審を受けることができるのです。

この制度を活用すれば、積上げ先の業種の売上が増えるため、経審の点数は上がる可能性が高いです。しかし、それと引き換えに積上げ元の業種（上記の例でいえば、内装工事業）の経審を受けることができなくなってしまいます。ですから、建築一式の工事がとれればよいという業者にはとても有用な制度ですが、建築一式も内装工事もとりたいという業者には積上げ（☞203ページ）はオススメできません。

このことからも、入札におけるゴールの明確化がとても重要であることがご理解いただけると思います。

2-3 受注のために必要な思考法②
経審結果は決算2か月前に決まっている

手続きの流れ図をもう一度確認しておこう

ここで、あえてまた問います。貴社は何のために経審を受けるのですか？　繰り返しになりますが、「入札に参加するため」という回答では50点で、それは「公共工事を獲得するため」のはずです。

では、どんな公共工事を獲得したいのか。それには、「どこの役所の」「どの業種の」「どれくらいの金額（規模）の工事」というように、希望する工事案件（手続きの流れ図の⑨）を明確にしておくことが大事であると説明しました。

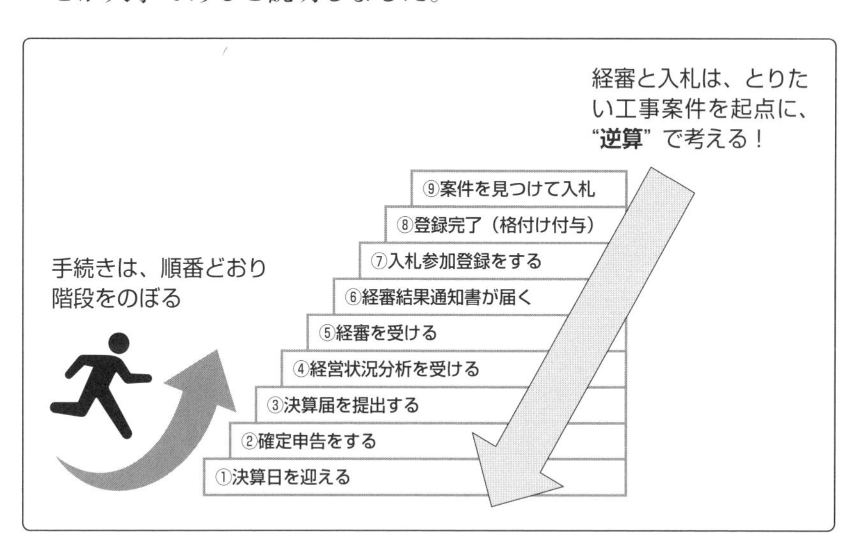

そして、希望する工事案件が明確になると、どの業種で入札参加登録をすればよいか、格付けはどのランクにいたらよいか（流れ図の⑧・⑦）が決まってきます。

たとえば、「東京都の」「建築工事で」「１億円くらいの工事」の獲得をめざしているのであれば、その理想の公共工事がどのランクで発注されているのかを調べてみましょう。役所では、「**発注標準金額**」といって、「どのランクにどれくらいの金額の工事を出します」というのをあらかじめ公表していることが多いので、これを参考にします。

たとえば、東京都では6,000万円～２億2,000万円の建築工事はCランクの発注標準金額と公表されているので（下図参照）、Cランクを狙うとよいことがわかります。

３　建築工事

等級	発注標準金額
A	４億４千万円以上
B	２億２千万円以上　４億４千万円未満
C	６千万円以上　２億２千万円未満
D	１千６百万円以上　６千万円未満
E	１千６百万円未満

（東京都公報より抜粋）

すると次に、その希望どおりの格付けを得るためには経審の点数を何点くらいにしておけばよいのか（流れ図の⑥・⑤）がわかります。

これは、格付けの基準（審査基準）として多くの役所で公表されているので、見たことがない人はチェックしておきましょう。

なかには公表していない役所もありますが、その場合は情報開示請求をして確認してみるのも手ですし、他社の経審結果通知書と格付けからある程度の推測はできると思います。

また、格付けの基準は定期受付のたびに変更になる可能性があるので、気をつけたいところです。

たとえば、東京都の公報で令和５・６年度の格付けの基準を確認してみると、建築工事でCランクの格付けを得るには、次ページ図に示したように、経審の点数は「650点以上750点未満」必要であることがわかります。

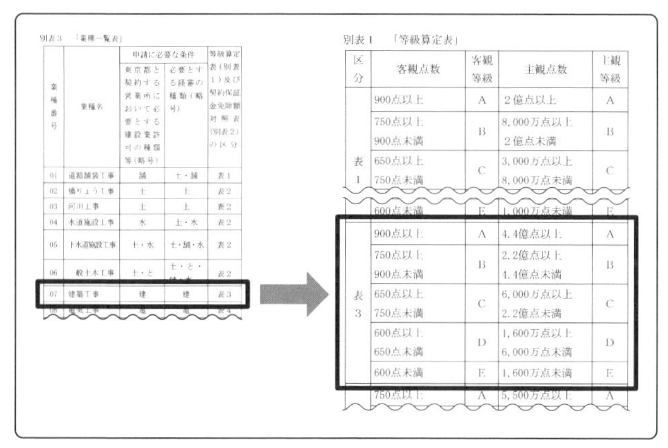
別表3 「業種一覧表」

業種番号	業種名	申請に必要な条件		等級算定表（別表1）及び契約保証金免除額対照表（別表2）の区分
		東京都と契約する営業所において必要とする建設業許可の種類等（略号）	必要とする経審の種類（略号）	
01	道路舗装工事	舗	土・舗	表1
02	橋りょう工事	土	土	表2
03	河川工事	土	土	表2
04	水道施設工事	水	土・水	表2
05	下水道施設工事	土・水	土・舗・水	表2
06	一般土木工事	土・と	土・と・舗・水	表2
07	建築工事	建	建	表3
08	電気工事	電	電	表4

別表1 「等級算定表」

区分	客観点数	客観等級	主観点数	主観等級
表1	900点以上	A	2億点以上	A
	750点以上 900点未満	B	8,000万点以上 2億点未満	B
	650点以上 750点未満	C	3,000万点以上 8,000万点未満	C
	600点未満	E	1,000万点未満	E
表3	900点以上	A	4.4億点以上	A
	750点以上 900点未満	B	2.2億点以上 4.4億点未満	B
	650点以上 750点未満	C	6,000万点以上 2.2億点未満	C
	600点以上 650点未満	D	1,600万点以上 6,000万点未満	D
	600点未満	E	1,600万点未満	E
	750点以上	A	5,500万点以上	A

（サンプル：東京都公報より抜粋）

そして、その経審の点数を得るためには経営状況分析（Y点）は何点必要だろうか（流れ図の④）、そのためには税理士作成の決算書から建設業財務諸表を作成する（翻訳する）際にできることはないか（流れ図の③）、さらに踏み込んで決算の段階でできることはないか（流れ図の②・①）といった具合に、どんどん時間軸が手前になってきます。

つまり、経審と入札は、獲得したい工事案件という明確なゴールを設定するところからスタートして、**“逆算”で考えていく**ことがとても重要なのです。

もちろん、明確なゴールに手が届くのが一番よいわけですが、仮に獲得したい工事案件には現状では届かないとしても、何が足りていないのか、今後どういう対策が必要になるのかということがわかるようになります。ぜひ、この“逆算”する発想法に取り組んでみてください。

経審の点数は決算2か月前に決まっている!?

ここまで読まれて、勘のよい人は気づいたかもしれませんが、実は、経審の点数は、決算（流れ図の①）の時点でほぼ決まってしまうのです。もっとハッキリいうと、「決算の2か月前には決まっている！」のです。

建設業においては、「突然で悪いけど、１億円の工事を明日から２週間で頼むわ」と依頼されることはまずありません。工事の前に、調査をしたり、見積りを出したり、打ち合わせをしたり、材料を手配したりと、実際に工事に着手するまでには時間がかかります。

決算の２か月前には、その年度の決算数字はおおよそ見えているはずです。したがって、決算の２か月前には経審の点数が決まってくるわけです。

決算を迎え、確定申告まで行なうと、決算書が確定します。決算書が確定した後でも、これを建設業財務諸表に翻訳するときに点数が上がるように工夫することはできるのですが、工夫できることはどうしても限られます。

したがって、経審で評価される数字の部分については、**決算前（期中）から考えておく**ことが重要になってきます。できれば、毎月の売上、原価、固定費の管理だけでもお願いしたいところですが、中小建設業者のなかでそれがきちんとできている会社はまだ少ないのが現実です。

また、技術職員数や社会性等の評価項目は、経審の審査基準日（基本的に決算日）の時点でどうだったかということが評価されるため、決算日を過ぎてしまうと対策の打ちようがなくなってしまいます。

この点からも、決算の２か月前には決算の予測をしておき、それ以外の評価項目についても考慮して、経審の着地予想を立てておくようにしましょう。

2-4 受注のために必要な思考法③ 課題はどんどんシンプルにして考える

受注できない課題はどこにあるのか

公共工事を受注するために必要な３つの思考法として、「選択と集中」と「逆算思考」を紹介しましたが、３つめは「**課題の細分化**」です。課題や問題がどこにあるのかを細かく切り分けて、「なぜ？」「どうやって？」という問いかけを考えていく手法です。

これは、具体例をあげて掘り下げていくとわかりやすいので、ここでは「**経審を受けているけど、公共工事を受注できていない**」という課題を細分化しながら考えていきましょう。

まず、貴社が「経審を受けているけど、公共工事が受注できていない」理由はなぜでしょうか？　たとえば、①案件には恵まれているけれどもうまく落札できていない、②そもそも入札案件が思うように見つけられていない、③経審の点数が理想とする点数になっていない、といった理由が考えられます。

「案件には恵まれているけれどもうまく落札できていない」という①の理由の場合は、経審と入札参加登録はある程度うまくいっているのでしょう。では、なぜ落札できていないのでしょうか？

最低制限価格ギリギリの金額でくじ引きになったのであれば、それはもう運まかせですが、そうでない場合は、**積算能力の問題**が考えられます。公共工事のための積算ソフトを販売している業者もありますが、けっこう値が張るようです。そこで、ほぼ無料でできる積算能力向上のテクニックとして、入札案件についての情報開示請求をしてみるとよいでしょう。

「**情報開示請求**」とは、行政機関が保有する情報を国民・住民に提供する制度です。役所ごとに法令や条例にもとづいて、開示請求による公文書の開示を行なっているので、この制度を利用します。

◎東京都の入札結果公表画面のサンプル◎

入札経過調書

落札者情報	
落札項目	落札内容
契約部署	○○管理課
契約番号	0Y-00XXX
開札日時	令和ＹＹ年ＭＭ月ＤＤ日午前10時00分
開札場所	○○管理課
件　　名	【電子】○○庁舎渡り廊下床修繕工事
公表区分	事前公表
予定価格	7,971,700円（税込）　7,247,000円（税抜）
最低制限価格	7,126,715円（税込）　6,478,832円（税抜）
落 札 率	89.4%
落札者氏名	株式会社Ａ
落札金額	7,132,950円
公表通知書	

入札経過情報			
No	入札者氏名	入札金額(税抜)	備考
1	株式会社Ａ	6,484,500円	
2	株式会社Ｂ	6,499,840円	
3	株式会社Ｃ	6,522,000円	
4	有限会社Ｄ	6,555,000円	
5	株式会社Ｅ	6,969,000円	
6	株式会社Ｆ	7,190,000円	
7	Ｇ株式会社	7,200,000円	
8	有限会社Ｈ	辞退	
9	Ｊ株式会社	不参	
記事	履行場所　東京都××区○○一丁目38番２号 工事概要　・床修繕工事　一式 ・その他これに付帯する工事　一式 工　　期　契約確定の日の翌日から令和ＹＹ年 2月26日まで		

◎開示請求した工事設計内訳書のサンプル◎

工事設計内訳書（総括）

名称	数量	単位	金額	備考
直接工事費				
建築工事	1	式	5,143,384	
計			5,143,384	
共通費				
共通仮設費	1	式	183,616	
現場管理費	1	式	870,000	
一般管理費等	1	式	1,050,000	
計			2,103,616	
工事価格	1	式	7,247,000	
消費税等相当額	1	式	724,700	
工事費	1	式	7,971,700	

工事設計内訳書には、1ページめに総括があり、
2ページめ以降に各項目の内訳（明細）がついていることが多い。

名称	数量	単位	単価	金額	備考
建築工事					
直接仮設					
養生・整理・清掃	705	㎡	880	620,400	
計				620,400	
内外装					
ビニル系床シート	705	㎡	2,360	1,663,800	
ビニル幅木	271	㎡	310	84,010	
見切り金物	8.4	m	3,840	32,256	
計				1,780,066	
撤去					
石綿処理、養生	15	㎡	1,200	18,000	
床仕上撤去	705	㎡	1,070	754,350	
幅木仕上撤去	271	m	260	70,460	
アスベスト飛散防止	705	㎡	1,450	1,022,250	
ケレン・清掃	705	㎡	1,150	810,750	
計				2,675,810	
発生材処理・運搬					
発生材積込	3.8	㎥	5,370	20,406	
運搬費	3.8	㎥	590	2,242	
計				22,648	
発生材処理・処分					
発生材処分費	3.8	㎥	11,700	44,460	
計				44,460	
建築工事合計				5,143,384	

工事設計内訳書には、さらに「建築工事」の内訳を見ると、各細目の単価まで記載されています。

役所によってはホームページで公開しているところもあるので、貴社が入札に参加している役所や団体に問い合わせてみてください。ここでは東京都の案件を例にして説明しましょう。

事例で見る「開示請求」のしかた

72ページは東京都の入札結果の公表画面、73ページは開示請求した工事設計内訳書のそれぞれサンプルです。

入札案件は、入札の公平性・透明性の観点から、必ずその結果を公表することになっています。最近は、電子入札がほとんどなので各役所の電子入札システム（ホームページ）で結果を公表していることが多いですが、役所の掲示板などで入札結果が貼り出されているのを見たことがあるのではないでしょうか。

サンプルとして示した案件は「○○庁舎渡り廊下床修繕工事」という件名で、落札したのは株式会社A、入札金額は6,484,500円（税抜）となっています。落札金額や落札率も気になるところですが、ここで注目してほしいのは「**予定価格**」のところです。

予定価格とは、その入札案件について発注者側で見積もりを行なった金額のことをいいます。東京都では、この予定価格を事前に公表していますが、予定価格を事前に公表していない発注者もあります。

ちなみに、事前公表については、積算能力が不十分な建設業者でも事前公表された予定価格を参考にして落札できてしまう可能性がある、最低制限価格ギリギリで入札をしてくじ引きで落札者が決まってしまうなどの問題点が指摘されています。一方で、事前公表をしていない場合には、発注者の担当職員から予定価格を聞き出そうとして不正行為や談合の温床になるという問題があります。

予定価格の事前公表の是非については割愛しますが、運用指針では「原則として事後公表」を求めているにも関わらず、多くの地方自治体では事前公表が根強く残っています。

ちょっと話がそれましたが、入札が行なわれて結果が出ると、落札者、落札額等とともに予定価格が公表されます。しかし、入札結果の公表においては、予定価格の総額しか知ることはできません。

そこで、「**開示請求**」を行ないます。開示請求をすると、２週間ほどで開示可能か否かについて連絡があり、開示可能な場合にはさらにその１～２週間後に開示請求した公文書が交付されます。

発注者によっては、ネット上で公開し、閲覧できるところもありますので、工事設計書の開示請求の方法については発注者に問い合わせてください。

開示請求を行なうと、73ページの下表のように予定価格の根拠となる内訳を知ることができます。

材料の仕様や数量は、入札前に積算の段階でわかるのですが、項目ごとの単価は当然ながら事前にはわかりません。開示請求を行なうと、材料単価がそれぞれいくらなのか、共通仮設費や一般管理費等をどれくらい見積もっているのか、ということを把握することができます。

そこで、自社の理想とする工事と同じ内容の工事案件について、開示請求をどんどんしてみましょう。同じ内容の工事案件についての材料単価や共通仮設費、一般管理費等を開示してもらい、その内容を研究して積算能力を養っていきます。研究したからといって確実に落札できるわけではありませんが、少なくとも落札価格とかけ離れた金額で入札するような状況の改善は期待できます。

情報開示請求という制度自体があまり知られていないうえに、工事案件の工事設計書が開示請求できることをご存じない会社も多いです。しかし、実際にこれを活用して受注に結びつけている会社もあります。１件１件、開示請求したり研究したりするのは正直いって手間ですが、「公共工事を受注する！」という目標に向けて、できることは貪欲に取り組んでいきましょう。

なぜ入札案件を見つけられないのか

次に、71ページで例示した受注できない理由の②「そもそも入札案件が思うように見つけられていない」場合は、なぜ見つけられないのでしょうか？　これも「なぜ？」と自身に問いかけて、細分化して考えてみましょう。

その理由の１つは、「案件を見つけるのが苦手」ということが考えられます。これは、各団体の電子入札システムに慣れていくほかありません。定期的に電子入札システムを利用して、入札案件の情報をキャッチするようにしましょう。

また、入札案件の情報をメールで流してくれる有料のサービスがありますから、これを利用するのも一つの手です。たとえば、次のようなサービスがあります。

【入札情報速報サービス（NJSS)】

https://www.njss.info/

【入札王】

https://www.nyusatsu-king.com/home

もう１つ、入札案件を見つけられない理由としては、「登録しているその業種における発注件数がそもそも極端に少ない」ということが考えられます。発注件数が年に１、２件あるかないか、という業種もあるくらいです。

たとえば、令和４年度に東京都で発注された「タイル工事」（業種番号9933）の入札案件を検索してみると、なんと０件でした。もちろん、電子入札システムで公表されていないような小規模な工事案件が発注されている可能性はありますが、それが何百件もということは考えにくいでしょう。

このような場合は、いま登録している業種が自社にとって本当に正解なのかを再度、検討してみることをおすすめします。

このように、「そもそも入札案件を見つけられていない」と一口にいっても、入札案件の情報を入手したり見つけるのが苦手なのか、あるいはそもそも案件自体が少ないのかによって、対処方法は変わってきます。課題を細分化して考えることで、その対処方法が変わってくるというよい例です。

経審の点数はなぜ理想の点数にならないのか

経審と入札のお手伝いをしていると、お客様から「あと10点でBランクだったんだけどなぁ」とか「うちにはCランクがちょうどいいから、これ以上点数は上げたくないなぁ」といわれることがあります。

言い換えれば、これらは71ページで受注できない理由の③としてあげた「経審の点数が理想とする点数になっていない」から、受注にうまく結びついていない、ということができます。

そうなると、「なぜ、理想の点数になっていないのか？」「どうしたら希望する点数に着地できるのか？」ということが課題としてあがってきます。

経審の点数の計算方法とその５つの評価項目については、１章で説明しましたが、貴社の点数の課題が５つの評価項目のうちのどこにあるのかで対処方法は変わってきます。ここでは、「あと10点、経審の点数を上げるためにはどうする？」を例にして検討していきましょう。

【X1（完成工事高）であれば、売上を上げるにはどうしたらよいか？】

詳しいことは４章で説明しますが、「売上を上げたい」と一口にいっても、売上を上げるための手段はいくつか存在します。

売上は、次の計算式で成り立っています。

売上 ＝ 客数 × 客単価 × リピート

では、「客数を増やすためにはどうしたらよいか？」「客単価をアップするためにはどうしたらよいか？」「リピートを増やすためにはどうしたらよいか？」と、売上１つをとっても、さらに細分化していく、この思考法がとても大切です。

【X2（平均利益額）であれば、営業利益を上げるにはどうしたらよいか？】

これも詳細については４章に譲りますが、営業利益は、売上から原価と販売費及び一般管理費を差し引いて計算されます。したがって、入ってくる売上を増やすか、出ていく原価や販売費及び一般管理費を減らすかの２通りしかありません。

売上を増やすためには前述の「X1」の場合のように考えていくことが有効ですし、支出を減らすためには１つひとつの経費の見直しが必要になってきます。

【Y（経営状況分析）であれば、８つの指標のうちどこが低いのか？】

これについては、３章と４章で詳細に説明していきますが、前述したように、Y点は、中小建設業者が公共工事を受注するためには、優先的に取り組むべき項目です。

Y点が前年よりもよかった・悪かったということを確認する社長は多いのですが、Y点の８つの指標について１つずつ確認して振り返る社長はほとんどいません。

したがって、８つの指標すべてについて検証するだけでも、改善につながるものと考えています。

【Z（技術職員数）であれば、技術職員数を増やすためにはどうしたらよいか？】

これは５章でも触れますが、現在の自社の職員を精査し直して、技術職員としてカウントできる職員がいないかどうかについて確認する、という短期的な対策もあれば、会社として資格取得を奨励する制度を設けたり、今後の採用計画をきちんと考えるという中長期的な対策もあります。

◎受注できない課題のマインドマップ◎

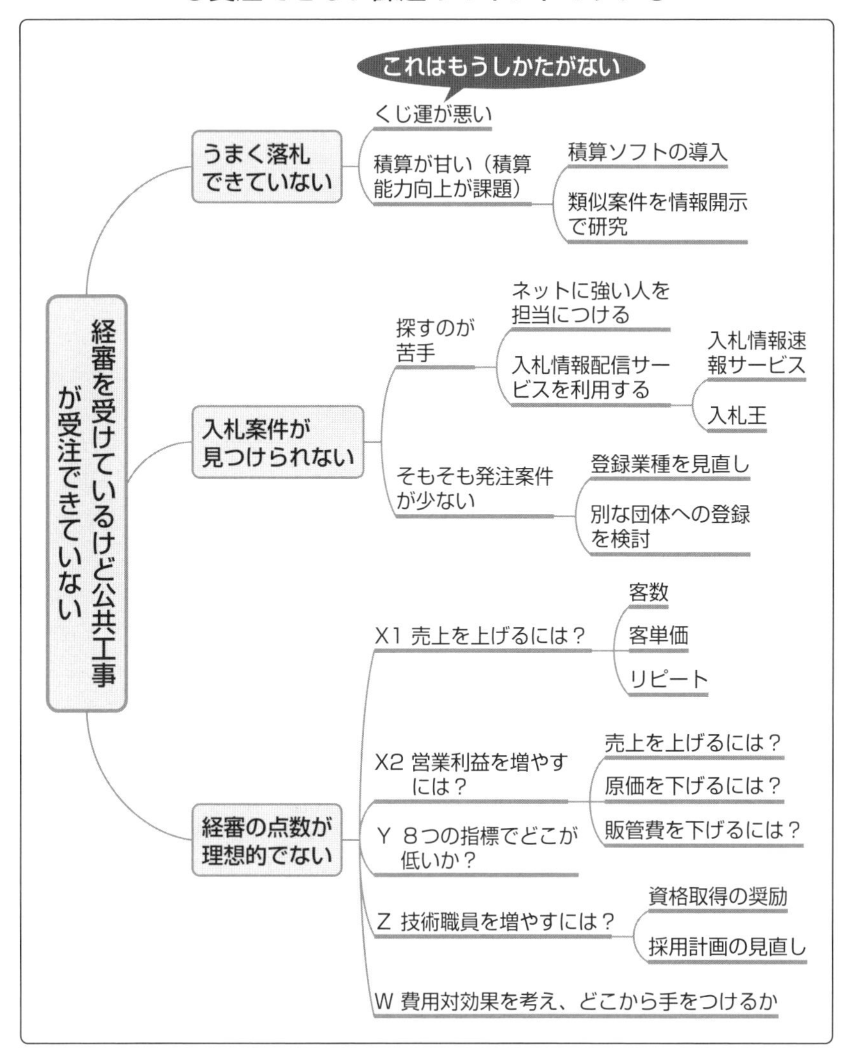

もちろん、社長自身が資格を持っていない場合には、社長自ら資格を取得するというのも非常に意味のある対策といえます。

【W（社会性等）であれば、どこから手をつけたらよいか？】

これも５章で具体的に説明しますが、Wの評価は審査基準日（決算日）時点で社会性等が「ある」か「ない」かで判断されます。

社会保険（健康保険・厚生年金保険・雇用保険）に未加入というのは論外ですが、それ以外の評価項目については、費用対効果を考えながら手をつけていくことになります。

また、建設キャリアアップシステム（ＣＣＵＳ）の取組み状況が経審の評価項目にもなり、重要性が今後ますます高まってくると予想されるので、このシステムへの登録がまだ済んでいない場合は、登録を検討してみてください。

以上のように、「経審を受けているけど公共工事を受注できていない」のはなぜか？　という大きな課題から、その課題を細分化することで、経審の５つの評価項目のどこに課題があるのか、その課題への対策としてはどんなものがあるのか、というように、どんどん課題をシンプルにしていきました。

これらの一連の細分化をマインドマップでまとめてみると、前ページ図のようになります。

実は、「課題の細分化」は、問題解決の思考法としてとても有名です。経審と入札に関することだけではなく、経営におけるさまざまなシーンでも役に立つと思いますので、細分化して考えるクセをつけましょう。

課題を細分化して、シンプルにすることで、課題に対する対処方法も明確になりますし、行動に移しやすくなるというメリットもあります。

中小建設業者のカギを握る経営状況分析のしかた

3-1 建設業財務諸表と決算書は別モノ！

1章で「経営事項審査」（経審）のメカニズムについて説明しましたが、「Y（経営状況分析）」と「W（社会性等）」は質的な評価項目であること、また業種ごとではなく全体に影響するベース点となることから、中小建設業者は5つの評価項目のうちYとWから取り組むべきとお伝えしました。

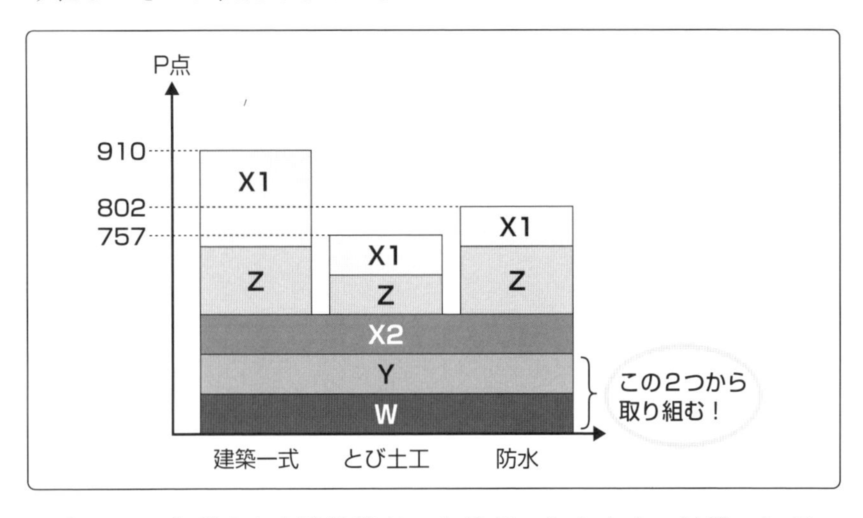

そこで、まずは中小建設業者でも差がつきやすく、対策のしがいがある経営状況分析（Y点）について説明していきますが、その前に、本書をお読みいただくうえで、あらかじめ覚えておいていただきたいことを3つ紹介します。

言葉の定義が異なる

1つめは、言葉の定義についてです。私は、「決算書」と「建設業財務諸表」という言葉を意図的に使い分けています。言葉の定義を明らかにするのはとても大切なことなのですが、ついついおろそかにしてしまいがちです。

たとえば、お客様に「確定申告書を送ってください」とお願いすると、申告書の表紙１枚だけを送ってくる社長もいれば、申告書から勘定科目内訳書まで申告書類一式を送ってくる社長もいます。

ふだん何気なく使っている１つひとつの言葉の定義は、人によって異なります。これは日々業務に当たっていて、切に感じているところです。

そこで、本章を読み進めていただくうえで誤解が生じないように、そして正しい理解がスムーズに進むように、「決算書」と「建設業財務諸表」を次のように定義しておきたいと思います。

- **決算書**＝税理士が、税金を計算する必要から、確定申告書に添付するために作成する決算書類
- **建設業財務諸表**＝建設業の許可申請や届出の際に使用する法定様式の貸借対照表、損益計算書、完成工事原価報告書、変動計算書および注記表

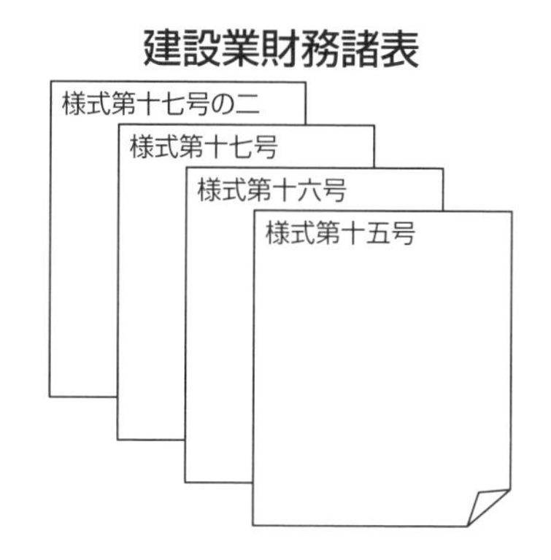

決算書には２種類ある

この「決算書には２種類ある」というのが、覚えておいてほしいことの２つめです。「決算書」とは、税理士が作成する決算書をいいますが、これにも実は２種類あります。

1つは、金融商品取引法（金商法）にもとづく有価証券報告書を作成している企業、あるいは公認会計士が監査を行なっている企業（主に上場企業）の決算書です。もう1つは、それ以外（主に非上場企業）の決算書で、税理士が主に税法上のルールに則って作成している決算書です。

前者は、厳格な会計ルールや第三者の専門家である公認会計士の監査を経ているため、決算書の正確性が絶対的ではないにしろ、ある程度担保されています。一方、後者は、税理士が信用できないというわけではないですが、監査を経ていないため、税務上は認められている会計処理であっても、会計基準に照らすと調整が必要になることもあるようです。

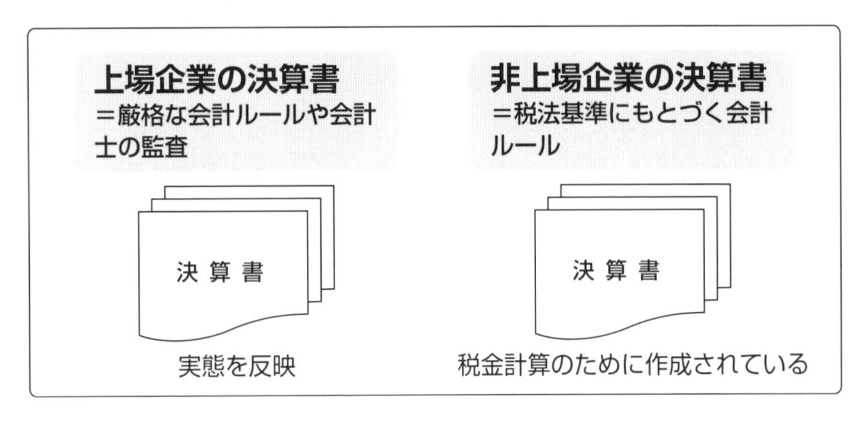

決算書を建設業財務諸表に翻訳する必要がある

このように、決算書は必ずしも厳格な会計ルールに則って作成されているとは限らないため、経審を受ける前には、決算書を建設業財務諸表に翻訳する必要があります。これが、覚えておいていただきたいことの3つめで、「建設業財務諸表を作成する作業は、“翻訳”である」ということです。

本書を読んでいくと一見、税理士の会計処理を否定したり、間違いを指摘しているように見えることがあるかもしれません。しかし、税理士の作成する決算書は税務上必要な書類であり、適正に処理されていること自体に疑いはありません。

一方で、建設業財務諸表は建設業法令、建設業会計、経営事項審査のルールに則って作成する必要があります。要するに、「言語が違う」のです。

たとえるなら、「いま、何時ですか？」と「What time is it now?」は同じ意味ですが、日本語と英語という言語の違いから単語も文法も異なるのと同じです。同じことを表現していても、言語が違えば見え方は違ってきます。

翻訳には、単語をそのまま置き換える「直訳」もあれば、文脈や背景を理解して訳す「意訳」もあります。決算書を転記（直訳）するだけでも意味は通じるので、経営状況分析機関や役所は決算書を直訳した建設業財務諸表に対して何も言いません。

しかし実は、建設業法令、建設業会計、経営事項審査のルールに則って意訳することで、より実態に沿うものになることが多いのです。そして、それが経審上有利になるのなら、意訳を使わない手はありません。

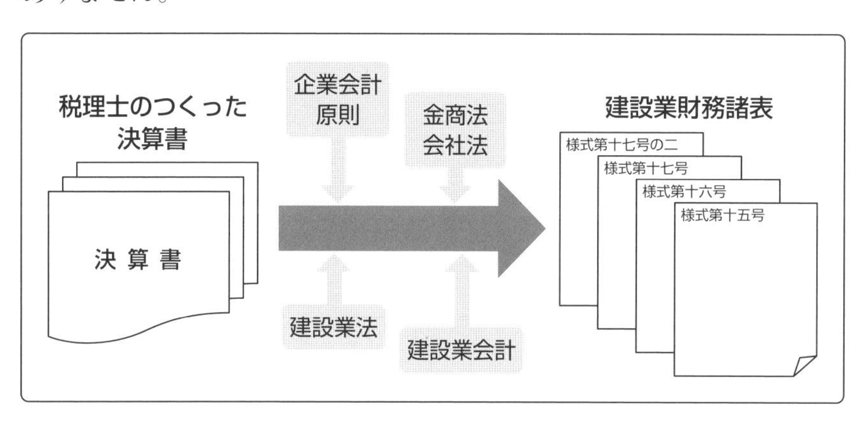

したがって、社長としては、「うちの税理士はなにもしてくれない！」と税理士を追及するのではなく、「うちの売上アップのためにこうしてほしい」とか「経審のために、行政書士の話も聞いてみてくれ」と、税理士をうまく巻き込んでいけるように協力を仰ぎま

しょう。

最後に余談ですが、翻訳の大切さは私の大好きな映画007が教えてくれました。『ユア・アイズ・オンリー』という作品の劇中に“FOR YOUR EYES ONLY”というフレーズが出てくるのですが、直訳すれば「あなたの目だけに（あなたが読む以外禁止）」という意味のものを、その後の主人公の行動を把握したうえで「読後、焼却すべし」と訳していたのを見たときは、そのセンスに鳥肌が立ちました。

同じ文章でも翻訳のしかたによって、人により感動を与えることができるのですから、同じ書類でも翻訳のしかたによって、より実態を伝えることができるはずです。本章では、そのためのエッセンスを伝えていきたいと思います。

3-2 経営状況分析（Y点）の8指標は平等ではない

経営状況分析の全体像

この項では、経営状況分析（Y点）の8つの指標について、1つずつ解説していきますが、その前に経営状況分析の全体像を把握しておきましょう。

経営状況分析（Y点）は次の8つの指標で構成されていて、それぞれ決まった係数を掛けて計算します。Y点の最高点は1,595点、最低点は0点です。

①純支払利息比率
②負債回転期間
③総資本売上総利益率
④売上高経常利益率
⑤自己資本対固定資産比率
⑥自己資本比率
⑦営業キャッシュフロー
⑧利益剰余金

経営状況分析（Y点）＝583＋167.3×｛－0.4650×（①）
－0.0508×（②）＋0.0264×（③）＋0.0277×（④）
＋0.0011×（⑤）＋0.0089×（⑥）＋0.0818×（⑦）
＋0.0172×（⑧）＋0.1906｝

社長には、8つの指標で何が評価されているのかは理解してほしいところですが、上記計算式については覚える必要はありません。

8つの指標についての求め方（計算式）と、それぞれの指標を計算して算出された一番良い数値と一番悪い数値は次ページ表のとおりです。

８つの指標のうち、「純支払利息比率」と「負債回転期間」の２つだけは数値が小さいほど良い指標で、残りの６つの指標は数値が大きいほど良い指標となります。

指標	求め方	一番良い数値	一番悪い数値	良し悪し
純支払利息比率	$\frac{支払利息－受取利息配当金}{総売上高}\times 100$	-0.3%	5.1%	小さいほど良い
負債回転期間	$\frac{流動負債＋固定負債}{総売上高\div 12}$	0.9か月	18.0か月	小さいほど良い
総資本売上総利益率	$\frac{売上総利益}{総資本の２期平均}\times 100$	63.6%	6.5%	大きいほど良い
売上高経常利益率	$\frac{経常利益}{総売上高}\times 100$	5.1%	-8.5%	大きいほど良い
自己資本対固定資産比率	$\frac{自己資本}{固定資産}\times 100$	350.0%	-76.5%	大きいほど良い
自己資本比率	$\frac{自己資本}{総資本}\times 100$	68.5%	-68.6%	大きいほど良い
営業キャッシュフロー	$\frac{営業キャッシュフローの２期平均}{１億円}$	15.0億円	-10.0億円	大きいほど良い
利益剰余金	$\frac{利益剰余金}{１億円}$	100.0億円	-3.0億円	大きいほど良い

中小建設業者にとって重要な指標は？

ここまでは、登録分析機関や他の行政書士のホームページにも記載されている内容だと思います。重要なのは、この後です。

売上も資産も潤沢にある大企業とは違い、売上10億円以下の中小建設業者においては８つの指標すべてを追いかけるのは現実的ではありませんし、その必要もありません！

それはなぜなのかを説明したいと思います。次のグラフをご覧ください。

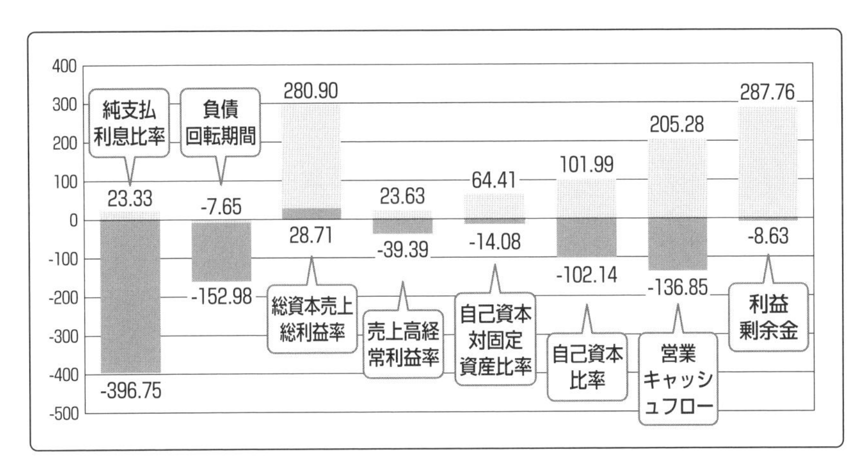

このグラフは、経営状況分析の８つの各指標が、Ｙ点を算出するのにどれだけ貢献しているかを示したものです。それぞれ一番良いときと一番悪いときの数値に、係数をかけてＹ点に換算した数値が記載されています。パッと見てわかるように、指標によって一番良いときと一番悪いときの振れ幅には大きな差があります。

たとえば、一番左にある「純支払利息比率」は一番良いときは23.33点ですが、一番悪いときは－396.75点で、実に420点（Ｐ点換算で84点）もの差があります。

一方で、左から４つめの「売上高経常利益率」を見ると、一番良いときが23.63点、一番悪いときが－39.39点なので、その差は63点（Ｐ点換算で12.6点）程度しかありません。

この振れ幅に着目して８つの指標を見てみると、真ん中の２つの指標「売上高経常利益率」と「自己資本対固定資産比率」は一生懸命に対策を講じても劇的な効果は得られないということになるので、中小建設業者がここに注力するのは得策とはいえません。

そうなると、あとに６つの指標が残りますが、一番右の２つの指標「営業キャッシュフロー」と「利益剰余金」については、売上10億円以下の中小建設業者においては、どうしても点数がつかないようになっている指標であり、かつ、対策にはある程度中長期的な時間がかかるので、中小建設業者がいますぐ手を打てる対策が難しい指標です。その理由については、各指標の解説のときに詳しく説明します。

社長としては「振れ幅が大きいのにもったいない！」と思うかもしれませんが、中小建設業者においてはこの２つの指標はおまけ程度に考えて、気にしなくてかまいません。

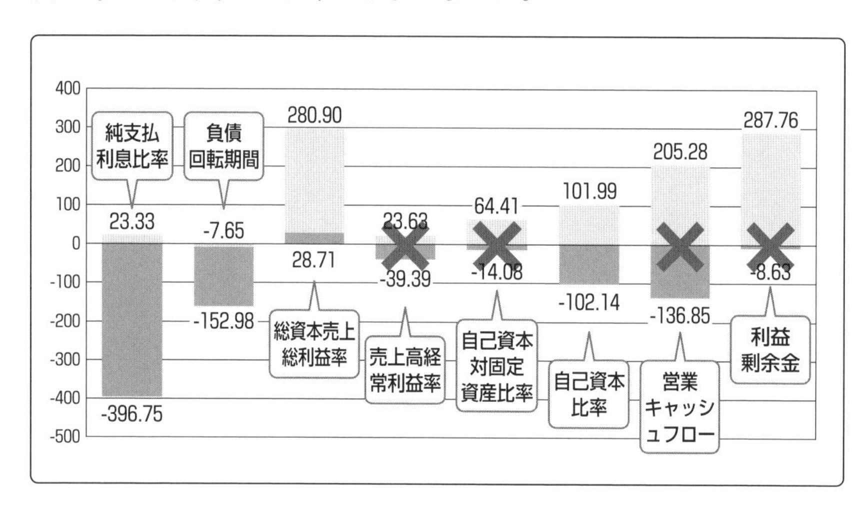

そうすると残るのは、振れ幅の大きい順に次の４つの指標です。

●純支払利息比率　●総資本売上総利益率
●自己資本比率　●負債回転期間

ここまでグラフを見ながら説明してきたように、８つの指標は平等ではありません。したがって、中小建設業者の社長は８つの指標すべてを上げようとせずに、メリハリをつけて対策を講じていくことが大切です。ここでも**“選択と集中”**という思考法が役に立つわけです。

3-3 公共工事を受注するための建設業財務諸表の二大原則

原則1…貸借対照表はコンパクトに！

親交のある公共工事コンサルタントの水嶋拓さんが、著書『公共工事の経営学』において、公共工事における「よい決算書」の要素を次のように列挙されています。

- 黒字が続いている
- 自己資本比率が高い
- 借入金が少ない
- 固定資産が少ない
- 現金が多い
- 資本金が多い

どれもうなずけるもので、経営状況分析（Y点）の評価においてもプラスとなる材料ばかりです。ここにさらに私から付け加えさせていただくとすれば、「**貸借対照表はコンパクトであるほどよい**」ということです。

経営状況分析（Y点）においては、たとえば100,000千円の売上を上げるのに、資産10,000千円の会社であれば資産を10回転させて「効率的に売上をつくることができて素晴らしい！」という評価になるのに対し、資産100,000千円の会社であれば資産を1回転させただけなので「効率はまぁまぁですね」という評価になってしまうのです。

つまり、ぜい肉があって動きが鈍い会社よりも、筋肉質で動きが早い会社のほうが、評価はよいということになります。それがなぜなのかは、この後で8つの指標について個々に見ていくうちに理解できると思います。

ところで、会社はどういうときに倒産するかご存知ですか？

赤字が続いたときでしょうか？　債務超過になったときでしょうか？答えは、**キャッシュ（現預金）がなくなったとき**です。

赤字が続いて債務超過になっても、金融機関が助けてくれたり、社長が会社にお金を貸したりするなど、厳しいながらもキャッシュをつなぐことができれば倒産には至りません。しかし、いわゆる黒字倒産という言葉があるように、黒字であっても手許にキャッシュがなくて支払いが滞ってしまうと倒産してしまいます。

したがって、財務コンサルタントや資金繰りに長けた税理士は、「現金はあればあっただけよい（キャッシュがあれば会社はつぶれない）から、業績がよいときこそ低金利で借りておくとよい」とアドバイスすることが多いです。

しかし、これをやりすぎると、現金が増える一方で借入金（負債）も増え、貸借対照表全体も大きくなってしまい、経営状況分析（Y点）上はマイナスになってしまうので注意が必要です。この点は、財務や資金繰りを考えるうえでは非常に悩ましい問題です。

経審対策をやりすぎて会社がつぶれてしまっては本末転倒ですし、かといって公共工事を１つの柱として業績を伸ばしていくためには経審対策をおろそかにはできないし…というジレンマを常に抱えながら、私は建設業財務諸表と日々向き合っています。

原則２…収益は上に、費用は下に！

貸借対照表の原則があれば当然、損益計算書にも原則があります。それが、「**収益は上に、費用は下に！**」です。この原則を理解する前に押さえておいてほしいのは、**損益計算書の構造**とそこに出てくる**５つの利益**についてです。

自社の損益計算書を見ていただくとわかりますが、損益計算書は「売上→原価→売上総利益→販売費及び一般管理費→…」というように、収益と費用が羅列してあるだけなので、とても見づらくなっています。これが損益計算書のしくみをわかりづらくしている要因の１つだと、個人的には感じています。

そこで、損益計算書についてわかりやすく図式化したものが下図です。「**損益計算書のブロック図**」と称しています。

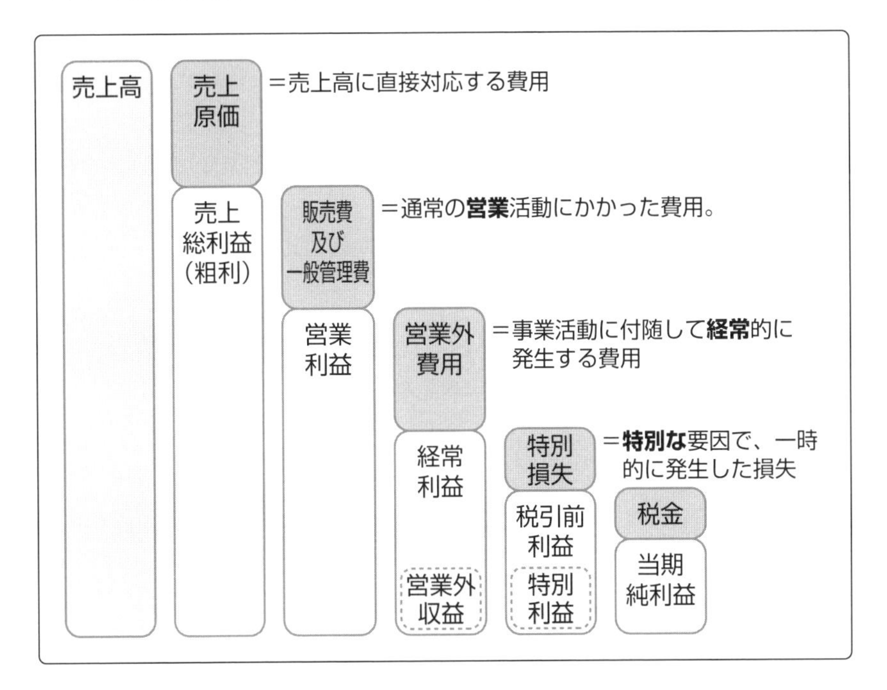

この図は、損益計算書を左に90度横倒しにして、金額の大きさを縦の長さで表わしています。図の右にいくほど、さまざまな収益と費用を加算・減算していって、最終的に税金を差し引いたものが損益計算書の最後に出てくる「当期純利益」です。図を見るとわかりますが、損益計算書には３つの収益、５つの費用、そして５つの利益が表示されています。

- **３つの収益**＝売上高、営業外収益、特別利益
- **５つの費用**＝売上原価、販売費及び一般管理費、営業外費用、特別損失、税金
- **５つの利益**＝売上総利益、営業利益、経常利益、税引前利益、当期純利益（収益よりも費用が上回れば当然、売上総損失、営業損失、経常損失、税引前損失、当期純損失になります）

ここで、５つの利益について簡単に説明しておきましょう。

①売上総利益

売上高から売上原価（工事専業であれば、建設業財務諸表に記載のある材料費、労務費、外注費、経費の合計）を引いたものを「売上総利益」といいます。一般的には「**粗利**（あらり）」と呼ばれているので、こちらのほうがなじみのある呼び方かもしれません。

工事以外の兼業売上がある場合には、そこから生じる利益を合算して「売上総利益」を算出します。

「売上総利益」は、経営状況分析（Ｙ点）の指標の１つである「総資本売上総利益率」を計算する際に使用します。ここがそもそも赤字になっていると、出血が止まらないことになるので、早急に止血（対策）が必要です。

②営業利益

①で求めた売上総利益から「販売費及び一般管理費」を引いたものが「営業利益」です。通常の営業活動で自社がどれだけ儲かったかを表わす利益です。金融機関では、この営業利益と、次の③で説明する「経常利益」を重視して決算書を見るといわれています。

たしかに、営業利益が赤字だと普通に事業をしていて儲かっていないということになるので、金融機関から見れば要注意先になるのも無理はありません。

また、経審のX2（自己資本および平均利益額）の項目では、この「営業利益」を評価しているので、金額が大きいほどよいのは言うまでもありません。

③経常利益

②で求めた営業利益に、営業外収益をプラスし、営業外費用をマイナスしたものが「経常利益」です。事業活動に付随して（本業とは違う部分で）経常的に生じる収益と費用を加算・減算した結果、

生じる利益ということができます。

営業外収益でよく見かける勘定科目としては受取利息や受取家賃、雑収入などがあり、営業外費用でよく見かける勘定科目としては支払利息や手形売却損、雑損失などがあります。

なお「経常利益」は、経営状況分析（Ｙ点）の指標の１つである「売上高経常利益率」を計算する際に使用します。

④税引前利益

③で求めた経常利益に、特別な要因で発生した一時的な収益（特別利益）と費用（特別損失）を加算・減算したものが「税引前利益」です。読んで字のごとく税金を引く前の利益で、税金（＝法人税、住民税および事業税）の計算のもとになる利益です。

特別利益としてよく見かける勘定科目としては固定資産売却益、特別損失としてよく見かける勘定科目としては固定資産売却・除却損、貸倒損失などがあります。

なお、意外なことに「税引前利益」は、経営状況分析においても経審においても、まったく評価の対象にはなっていません。

⑤当期純利益

④で求めた税引前利益から税金（＝法人税、住民税および事業税）を差し引いたものが「当期純利益」です。「当期純利益がマイナスは絶対にＮＧ！」と仰る社長がよくいますが、実は「当期純利益」そのものは経営状況分析においても経営事項審査においても、これまた評価の対象にはなっていません。

当期純利益は、配当などがなければそっくりそのまま前期からの繰越利益剰余金にプラスされ、次期への繰越利益剰余金となります。「利益剰余金」は、経営状況分析（Ｙ点）の指標の１つなので、ここで初めて影響が出てきます。

損益計算書の構造とそこに表示される５つの利益については、経営状況分析を受けるうえでも、自社の経営をしていくうえでも、きちんと理解しておきたいところです。

文字と数字が羅列されている損益計算書を見ても、なかなか入り込めないかもしれませんが、ブロック図にすることで、ざっくりとでも頭に入れて把握できるようにしておきましょう。

さて、ここで1つ質問です。税理士が、一番興味がある利益、一番注意しなければならない利益は、5つの利益（①売上総利益、②営業利益、③経常利益、④税引前利益、⑤当期純利益）のうちでどれでしょうか？

社長にとってはこの5つの利益はどれも大事なものですが、こと税理士にとっては、そのなかでも1つだけ際立って重要視している利益があります。それは、④「**税引前利益**」です。

なぜなら、税理士は「租税に関する法令に規定された納税義務の適正な実現を図ることを使命」（税理士法第1条）としており、税金を正しく計算して正しく納税してもらうのが本来の仕事だからです。

税金がどのくらい発生して、最終的に今期の純利益はいくらになるのか、納税のためにキャッシュは足りるのか、資金繰りは大丈夫か――といったことを考えるために、税金の計算のもととなる「税引前利益」がいくらになるのかを税理士は常に気にしています。

また、税務署は基本的に益金か損金かという視点でしか数字を見ていません。ですから、決算書において費用がどのように計上されていても、きちんと決算書に計上されてさえいれば、もし科目を間違えていてもお咎めはありません。

たとえば、消耗品を購入した場合に、それが建設現場で使用するものであろうと事務所で使用するものであろうと、税務署的には損金でしかないので、税額が変わるわけではありません。

しかし、建設業財務諸表では、工事用の消耗品費は工事原価に、事務所用の消耗品費は販売費及び一般管理費にそれぞれ計上する必要があります。

したがって前述したように、決算書を建設業財務諸表へ“翻訳”することが、われわれ行政書士の腕の見せ所でもあります。

この２つの原則を、具体的にどのように活用していくのかについては、８つの指標の解説のあと、４章でお伝えしていきます。

さて、次項からは、経営状況分析（Ｙ点）の８つの指標について１つずつ解説していきます。単純に説明するだけではなく、どうすれば点数が上がるのか、決算書のどこを見直せばよいのかを意識して解説していきますので、貴社で活かせそうなものにはどんどん取り組んでみてください。

3-4 数十万円で経審点数が劇的に変わる「純支払利息比率」

支払利息と手形割引料を分ける

それでは、経営状況分析（Ｙ点）の８つの指標について順に解説していきましょう。１つめは、Ｙ点の８指標のうち中小建設業者の経審点数をアップさせる超基本ともいえる「**純支払利息比率**」についてです。

税理士作成の決算書を見ていて、しばしば目にする勘定科目が「**支払利息割引料**」です。これは、損益計算書の営業外費用のところに出てくる勘定科目で、金融機関から借入れをしている場合は、ほぼ確実に計上されています。これを決算書から建設業財務諸表にそのまま転記して損をしているケースが後を絶ちません。あなたの会社の決算書では、**「支払利息割引料」を細分化**していますか？

この「支払利息割引料」は、「支払利息（と手形）割引料」の総称で、支払利息と手形割引料（手形売却損）は性質上、似たもの同士だからまとめて計上してしまおう、という勘定科目なのです。

支払利息は、借入金に対して支払った利息（利子）のことで、手形割引料は、手形を割り引いたときに差し引かれた満期日までの利息相当額のことをいいます。たしかに性質は似ていますが、これを明確に分けることで、経営状況分析（Ｙ点）が上がり、結果として経審の点数（Ｐ点）も上がってきます。そのメカニズムを説明しましょう。

「純支払利息比率」の求め方

支払利息の金額は、経営状況分析（Ｙ点）の評価項目の１つである「純支払利息比率」のよし悪しに影響してきます。「純支払利息比率」の計算式は次ページ囲みのとおりですが、計算で求められた数値が小さいほど点数が良い評価項目で、一番良い数値は－0.3%、一番悪い数値は5.1%です。一般財団法人建設業情報管理センターの統計では、令和３年度の全体平均は0.24%となっていて、前年、前々年と比べると改善傾向にあるようです。

$$純支払利息比率 = \frac{支払利息 - 受取利息配当金}{総売上高} \times 100$$

さて、突然ですが、ここで小学生の算数の問題です。この計算式の分数全体が小さいほど「純支払利息比率」の評価がよくなるということは、分子（分数の上の部分）は大きいほうがよいですか？小さいほうがよいですか？

答えは簡単ですね。分母が変わらないならば、分子が小さくなるほど分数全体も小さくなるので、評価がよくなります。

この点、支払利息のなかに手形割引料が含まれた状態で計算すると、純然たる支払利息以外のものを含んだ形で計算してしまうことになるため損をしてしまいます。したがって、手形割引料（手形売却損）がある場合には、支払利息割引料から差し引き、同額を雑損失にまとめるか、手形割引料（手形売却損）として別項目にしましょう。

他にも、金融機関から融資を受ける際の保証会社の保証料などもここに含まれている可能性がありますので、チェックしてみてください。

税理士が「支払利息割引料」という勘定科目を使っている場合に、決算書ができあがってから社長自身で「支払利息」と「手形割引料」を分けてもよいのですが、あらかじめ税理士に「支払利息と手形割引料は別項目にしてください」とお願いしておくと、うっかり分け忘れるようなミスを防ぐことができます。

受取利息配当金の経理処理のしかた

もしかしたら、貴社の税理士は支払利息と手形割引料（手形売却損）をすでに区別しているかもしれません。そのときは感謝をしつつ、もう１つお願いをしてみるとよいでしょう。それは、「受取配当金」についてです。

先ほどの「純支払利息比率」を求める計算式を見てください。分子は、支払利息から「受取利息配当金」を差し引いて計算しています。つまり、分子を小さくするには、「支払利息」の部分を小さくするだけではなく、**「受取利息配当金」を大きくする**方法もあるのです。

$$\text{純支払利息比率} = \frac{\text{支払利息}\searrow - \text{受取利息配当金}\nearrow}{\text{総売上高}\nearrow} \times 100$$

この「受取利息配当金」は、「受取利息と受取配当金」の総称で、受取利息は文字どおり受け取った利息です。銀行口座にお金を預けているときの受取利息のほか、従業員や関係会社への貸付金利息を含めてもかまいません。また、受取配当金は、保有している株式等の配当金や信用金庫・信用組合等からの剰余金の分配金（配当）のことです。

しかし、この貸付金利息や受取配当金が、決算書では**「雑収入」として処理されていることがけっこう多い**のです。これもまた、分子を小さくできるのに見逃している典型的なもったいないケースです。「雑収入」にはこのように“埋蔵金”が眠っているかもしれませんので、忘れずにチェックしてみてください。

建設業財務諸表に決算書から転記するだけだと、そのまま「雑収入」として計上してしまうことになりますが、勘定科目内訳書で雑収入の中身をきちんと確認して、貸付金利息や受取配当金が入っていたら「受取利息配当金」として計上し直しましょう。

こうすることで、「純支払利息比率」の分子を小さくすることができて、経営状況分析（Ｙ点）ひいては経審の点数（Ｐ点）アップに確実につながります。

総売上高を大きくする

最後に、「純支払利息比率」の計算式に出てくる分母の「総売上高」についてです。

分数全体を小さくするためには分母は大きいほうがよいので、売上高は大きければ大きいほどよいことになります。これは、1年がんばって活動してきた結果なので致し方ない部分はあるのですが、経営状況分析（Y点）はもちろん完成工事高（X1）でも評価の対象となることを意識しながら日々の経営を行なうこと、そして「利益が出すぎて税金を払うのがもったいない！」と期末に売上を調整したりせずにしっかりと売上を計上することが、やはり点数アップにつながっていきます。地道な日々の積み重ねが大切だということですね。

ちなみに、売上が0の場合は0点ではなく、最低点（一番悪い数値）になりますので、ご注意ください。

しかし実は、違法なことをしなくても、いまある売上高を増やす魔法が存在するのですが、これについては4章でお話します。

すでに「支払利息割引料」や「雑収入」の中身を精査したうえで建設業財務諸表を作成しているのであれば問題ありませんが、残念ながらそういう建設業者はそんなに多くはありません。

まさに“翻訳”が必要であり、行政書士の腕の見せ所なわけです。しかし、税理士に経営事項審査や経営状況分析について十分に理解してもらえれば、社長がわざわざ内訳を見なくても決算書から計算することができます。

中小建設業者が入札環境をよりよいものにしていくためには、税理士の協力は不可欠なので、ぜひ味方に引き込んでいきましょう。

3-5 売上が増えても経審点数が下がる「負債回転期間」

「負債回転期間」の求め方

経審を受けている中小建設業者の社長と話をしていると、「今年は売上も利益も上がったから、点数がどれくらい上がるか楽しみだな」といわれることがあります。しかし、いざ経審を受けてみると、経審の点数（Ｐ点）が下がっていて、「あれっ？　なんで下がっているの？」と困惑される社長が少なくありません。

売上が上がっているのに経審の点数が下がったときは、「**負債回転期間**」に原因があるかもしれないので、自社の建設業財務諸表でチェックしてみてください。

「負債回転期間」の計算式は下の囲みのとおりです。一番良い数値は0.9か月分、一番悪い数値は18か月分です。一般財団法人建設業情報管理センターの統計では、令和３年度の全体平均は6.60か月で、前年、前々年と比べると悪化傾向にあるようです。

$$負債回転期間 = \frac{流動負債＋固定負債}{総売上高 \div 12}$$

この計算式を見ると、流動負債と固定負債の合計（負債合計）を、１か月あたりの平均売上高（総売上高÷12）で割り算しています。つまり、負債合計が何か月分の売上に相当するのかを表わした指標です。

負債が１か月分の売上に相当するのと、１年分の売上に相当するのとでは当然、前者のほうがすぐに返済し終わるわけですから、計算で求めた数値が小さいほど点数がよい指標ということになります。

先ほどの「純支払利息比率」と２つあわせて、**負債抵抗力を示す指標**といわれています。

負債回転期間の数値をよくするには

さて、前項の「純支払利息比率」同様、ここでも分数の問題を考えていきましょう。

この計算式の分数が小さいほど「負債回転期間」の評価がよくなるということは、分子は小さくなるほど、分母は大きくなるほど分数全体が小さくなり、評価がよくなります。言い換えれば、「分子を小さくする＝流動負債および固定負債を減らす」、「分母を大きくする＝売上を増やす」ことで、「負債回転期間」は改善していきます。とてもわかりやすい指標ではないかと思います。

$$負債回転期間=\frac{流動負債↘+固定負債↘}{総売上高÷12↗}$$

ただし実は、この「負債回転期間」は、中小建設業者の落とし穴になることが多い指標なのです。なぜなら、売上が上がっていてもそれ以上の割合で負債が増えてしまった場合には、数値が下がってしまうからです。具体的な数字で見てみましょう。

- 年売上96,000千円／負債20,000千円＝2.5か月
（月平均8,000千円）
- 年売上120,000千円／負債50,000千円＝５か月
（月平均10,000千円）

たしかに売上は、年間24,000千円（月平均2,000千円）増えていますが、それと同時に負債も30,000千円増えています。売上が前年比125％というのはとても素晴らしい数字なのですが、負債は前年比250％に膨れ上がっているため、「負債回転期間」で見るとマイナスになってしまうのです。急激な売上アップは、資金が追いつかずに借入等の負債が増加しやすいので、注意が必要です。

分子の「負債」を小さくする方法

では、負債を減らし、分子を小さくするための具体策について見ていきましょう。注意したいのは、これらの**負債減少策が実行できるのは、決算期間中に限られる**ということです。決算日を過ぎてしまうと、その対策は次期の決算の話になってしまうので、対策を講じるタイミングには十分に注意してください。

①借入金を返済する・債務免除してもらう

これは、当たり前すぎて読み飛ばしたくなるかもしれませんが、「負債」と聞いて真っ先に頭に浮かぶのは、「(短期・長期）借入金」だと思います。借入金には、銀行等の金融機関からの借入れ、社長をはじめとした役員からの借入れ、さらには社債などもありますが、いずれも借りたお金なので返さなければなりません。

そこで、キャッシュに余裕があれば、これらを繰上げ返済することで負債を減らすことができます。さらには、支払利息の節約にもなるので、「純支払利息比率」においても点数アップ（というか、それ以上の点数ダウン抑止）につながります。

ただし、注意してほしいのは、キャッシュに余裕がないのに無理して繰上げ返済することはありません。運転資金はきちんと確保しておくようにお願いします。

この①は当たり前の話で、他の書籍等でも書かれている内容です。中小建設業者の社長に本当にお伝えしたいのは次からです。

②いったん返して翌々日にまた借りる

そもそも経審は、基本的には決算日を審査基準日として、その決算日時点でどうだったかを評価する審査です。したがって、経営状況分析（Ｙ点）も決算日時点でどうだったのかを見ています。

ですから、言い方は悪いですが、どんなに一時的だったとしても**決算日に会社の借入金が減っていればよい**のです。たとえば、社長が会社に30,000千円貸している（会社から見れば、役員借入金が30,000千円ある）として、次の図を見てください。

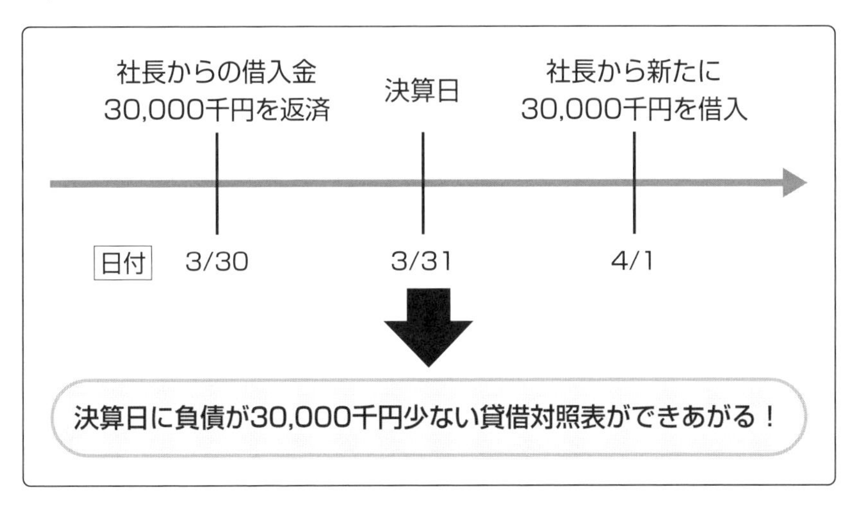

決算日が３月31日の会社であれば、その前日の３月30日に社長からの借入金30,000千円を返済します。そして、返済の翌日に決算日（３月31日）を迎えます。さらに、その翌日の４月１日から新しい年度が始まりますが、そこで社長から新たに30,000千円借入れをします。

すると、決算日である３月31日時点では借入金30,000千円の負債が少ない貸借対照表ができあがります（決算日当日の返済でもかまわないのですが、万が一なにかしらの理由で返済の手配ができなかったときのことを考えて、決算日の前日に返済します）。

はたして、このやり方は違法でしょうか？　当然ながら帳簿上の操作のみで行なうのは、税理士も税務署も納得はしないでしょう。

しかし、返済も新たな借入れも銀行振込で行なって、きちんと資金移動の証拠を残し、新たな借入れについては新たに契約書を交わす等、きちんと実態を伴う取引がなされていれば、なんの問題もないはずです。

そうであるなら、２日ガマンするだけで負債を大きく減らした貸借対照表がつくれるのですから、やらない手はありません。

さらに、総資産（総資本）を絞ることにもなるので、この後で説明する「総資本売上総利益率」にもよい影響を与えてくれます。しかも、これにかかるコストは振込手数料と契約書の印紙代のみですから、コストパフォーマンスが超高いというのがポイントです。

中小建設業者の決算書を見ていると、金額の多寡はありますが、社長が会社に対してお金を貸していることがけっこう多いです。前述のとおり、キャッシュがあることが前提の話ではありますが、２日ならガマンできる可能性はおおいにあると思いますし、公共工事を受注するための建設業財務諸表をつくる（粉飾という意味ではなく）ためには、こういう引出しを数多く用意しておくことが大切です。

③過剰在庫にならないよう定期的に在庫を見直す

材料や建築資材といった在庫については、常日頃から気をつけていると思いますが、過剰在庫になっていないか改めて確認しておきましょう。

在庫が過剰になっていると、その分、買掛金や支払手形が多くなっていたり、支払いのために借入金が一時的に増えてしまったりして、負債を増やす要因になっている可能性が大です。

④決算日が適切なのかを検討してみる

これはこの後に出てくる「総資本売上総利益率」にとってもプラス材料になるのですが、現在の決算日（決算月）が適切なのかどうかを検討してみてください。

中小建設業者においては、会社設立時には１か月でも長く消費税の免税措置を受けるために、決算日を「設立した月の前月末日」のままにしているケースが多いのです。しかし、会社によって繁忙期は異なります。繁忙期に決算日を設定していると、買掛金や一時的な借入金の増加につながり、もったいないことをしている可能性があります。

決算日に強いこだわりがないのであれば、きちんと自社にとって有利になるような決算日を選ぶことをおススメします。

⑤新収益認識基準（工事進行基準）にして未成工事受入金をなくす

通常、中小建設業者では、**工事完成基準で売上を計上**するのが一般的です。工事完成基準とは、工事が完成した（または完成して引き渡した）ときに請負金額の全額が売上になるという考え方です。決算日までに工事が終わっていれば今期の売上に計上し、決算日をまたぐ場合は翌期の売上になります。

これに対し**新収益認識基準（工事進行基準）**とは、決算日をまたぐ工事について、決算日時点での工事の進捗度を計算し、その進捗分については今期の売上に計上するという考え方です。

たとえば、請負金額100,000千円の工事が決算日時点で終わっていない（進捗度60％）とします。工事完成基準であれば、工事が終わっていないので、その工事の今期売上は０円です。そうなると、元請業者や施主さんから前受金として受け取ったお金は「**未成工事受入金**」として、負債となって貸借対照表に計上され、負債が膨らむことになります。

一方、新収益認識基準（工事進行基準）であれば、進捗度が60％ということなので、「100,000千円×60％＝60,000千円」が今期の売上になります。前受金として受け取ったお金も売上になるので、「未成工事受入金」は生じず、負債が抑えられることになります。

実は、中小建設業者が新収益認識基準（工事進行基準）を導入するのはなかなか大変なのですが、実施すれば確実に効果が出ます。これからさらに売上を伸ばしたい、より規模感のある仕事をやっていきたいということであれば、今後に向けてぜひ導入を検討してみてください。

なお、新収益認識基準の導入により従来の工事進行基準は廃止されましたが、同じような会計処理（インプット法）が新収益認識基準に引き継がれているため、本書では併記しています。

⑥借入金を資本金にしてしまう（ＤＥＳ）

「ＤＥＳ」とは、デット・エクイティ・スワップ（Debt Equity Swap）の略で、債務（Debt）を株式（Equity）に交換する（Swap）ことをいいます。簡単にいえば、借入金を元手にして資本金を増やす**増資の手法**です。

詳細は４章で説明しますが、会社に社長からの借入金があるときに、それをそのまま増資分の株式購入資金に充てて増資をするようなイメージです。負債を資本金に組み入れるので、負債が減少して「負債回転期間」の改善になりますし、資本金が増えるために「自己資本比率」にも大きくプラスの影響が出ます。

これらの方法以外にも、未払金を先に払ってしまうとか、遊休資産を売却して返済に充てる等、負債を減らす方法はいろいろあります。大事なのは、経審や経営状況分析（Ｙ点）で何が評価されているのか、さらにその評価項目や指標を細分化していき、自社であればどういうアプローチができるのかを考えていくことです。

「経審の点数（Ｐ点）を上げたい→経営状況分析（Ｙ点）を上げたい→「負債回転期間」を改善したい→負債を減らしたい→わが社なら前述の②と③の方法ができそうだな…」というふうに、ここでも「課題の細分化」をすることで、具体的な行動に落とし込んでいきましょう。

ここまで、負債回転期間を求める計算式の分子にある「負債」を減らす方法にスポットを当ててきましたが、分母にある「総売上高÷12」については、「純支払利息比率」のところでも触れたように、違法なことをせずに売上高を増やす魔法が存在します。これについては４章で説明します。

3-6 「総資本売上総利益率」で手元資産をどれだけ効率的に回しているかを見る

「総資本売上総利益率」の求め方

3－3項でも説明したように、経営状況分析（Y点）においては、貸借対照表はコンパクトであるほどよい評価になります。資産100,000千円の会社と資産10,000千円の会社が同じ売上の場合、経営状況分析（Y点）でよい評価となるのは後者のほうです。

これは、経営状況分析では**資産を効率的に回して売上を稼ぎ出している点が評価される**からです。特に、「総資本売上総利益率」がその最たるものといってよいでしょう。

「総資本売上総利益率」は「売上高」ではなく「売上総利益」を使って計算しますが、資産をどれだけ効率的に回転させて売上総利益を生み出しているかを見るための指標で、下の囲みの計算式で求めます（総資本（2期平均）が3,000万円に満たない場合は、3,000万円とみなして計算します）。

一番良い数値は63.6％、一番悪い数値は6.5％です。一般財団法人建設業情報管理センターの統計では、令和3年度の全体平均は34.60％となっていて、前年、前々年と比べると悪化傾向にあるようです。

$$総資本売上総利益率 = \frac{売上総利益}{総資本（2期平均）} \times 100$$

総資本売上総利益率の数値をよくするには

「総資本売上総利益率」は、数値が大きければ大きいほどよい指標です。そこで、まずは分子にある「売上総利益」を増やす方法を考えます。これは、完成工事総利益のみではなく、兼業事業での売上総利益も含めた「売上総利益」で計算することになっていますが、「売上総利益」を増やす方法については、４章の「経審の点数アップにつながる“売上高を増やす魔法”」(188ページ参照）で説明していますので、併せてお読みください。

他にも、工事原価を下げるために材料の**仕入先や外注先について定期的に見直しを行なう**のも手です。それは当たり前のことだと思うかもしれませんが、長年やっていると仕入先や外注先は固定化して“なぁなぁ”状態になってしまう面があるのも否めません。

したがって、仕入については市場価格を常にチェックし、新しい仕入先・外注先を探すことで、協力業者間で適度な競争とよい循環を生み出すことが大切です。

また、これも当たり前すぎる方法ですが、利益率のよい仕事に注力するのも１つの考え方です。同じ工事をしていてもＡ社は売上高では１番多いけれども利益は５％しか出ていないが、Ｅ社は売上高では５番目だけれども利益は20％出ているということがあります。たしかに、Ａ社の仕事は資金繰りを考えるとありがたい存在なので、Ａ社からの仕事を断わる必要はありませんが、営業戦略としてはＥ社からの受注を増やすように注力するのが吉です。

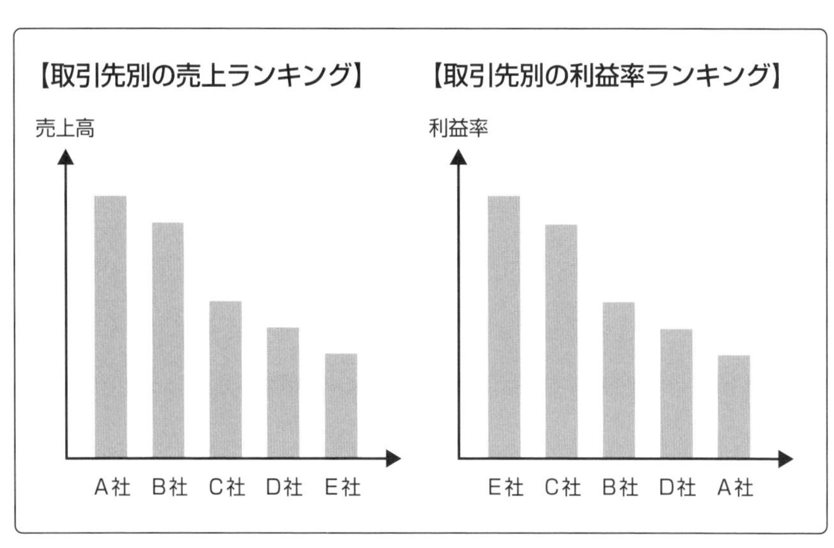

安易な値引きはしないほうがよい

さらに、「売上総利益」を増やすうえで社長に特に気をつけてほしいのは、「安易な値引きをしない」ということです。93ページで紹介した「損益計算書のブロック図」を使って見てみましょう。

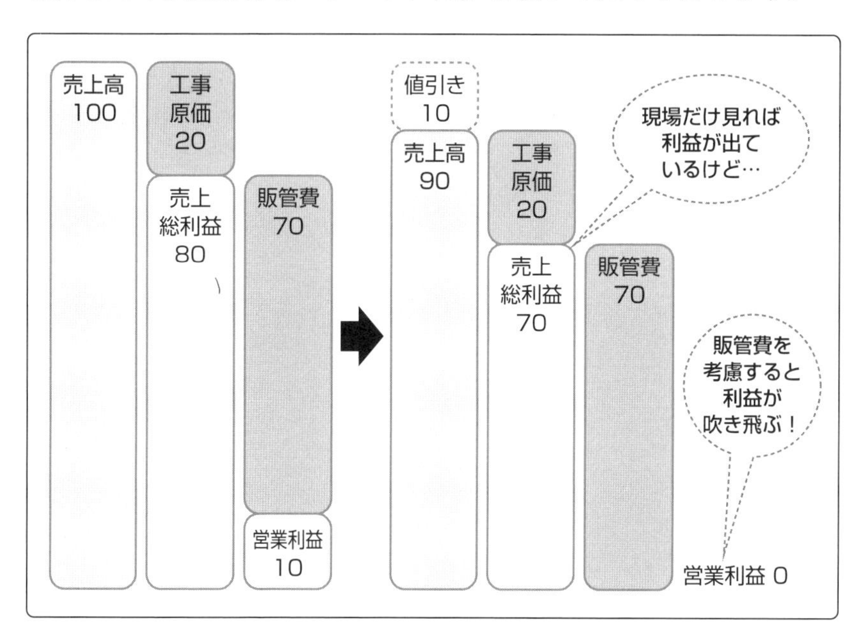

いま、請負金額100万円の工事があります。工事を完成させるのに材料費と外注費が20万円かかるので（工事原価）、粗利（売上総利益）は80万円です（上の左図）。

しかし、これがまるまる儲けになるわけではありません。その工事を完成させるまでには、その仕事を請け負うための営業担当者の給料や、総務や経理といった間接部門の給料などの人件費がかかりますし、事務所家賃、水道光熱費や接待交際費などの営業経費もかかってきます。

これらの「販管費」を考慮すると、請負金額100万円の工事を請け負っても手許に残るのは粗利（売上総利益）の80万円ではなく、最後に残った利益は10万円です。

ここで、元請業者から「実は、この予算だと厳しいので、次の工事で埋め合わせするから、今回は10%値引きして協力してくれませんか」とお願いされたとします。建設業界ではよくある話です。

そうすると、どうなるでしょうか。売上高（請負金額）は100万円から10%引きの90万円になりますが、工事原価は20万円のままなので、粗利が80万円から10万円減って70万円になります。ここで「粗利が70万円出るから、まぁいいか」などと考えてはいけません。そこからさらに販管費70万円が出ていくので、最終的な利益は０円、つまり儲けがまったくなくなってしまうのです！（前ページの右図）

このように、一見、その工事単体では粗利が出ているので問題ないように見えても、粗利から出ていく販管費を考慮すると、値引きに安易に応じることによって利益が０円になってしまうことがあるのです。

さらに悪い場合には、利益がマイナスつまり赤字になることも十分にあり得ます。

また、その失った利益10万円を他で取り戻そうとすると、新たに100万円の工事を１件、受注しなければならないので、営業担当者からするとたまったものではありません。

値引きは劇薬です。安易な値引きによって、現場監督や営業担当者などが社内の不満因子にならないようにしたいもの。そこで、なぜその値引きをするのかについて、きちんと説明するのが社長や上司の大事な仕事です。

総資本を小さくする方法

「総資本売上総利益率」の数字をよくするには、下の計算式の矢印のとおりです。

$$\text{総資本売上総利益率} = \frac{\text{売上総利益}\nearrow}{\text{総資本（２期平均）}\searrow} \times 100$$

分母にある「総資本」とは、貸借対照表全体の金額のことをいいます。建設業財務諸表でいえば、「総資産」と読み替えるとしっくりくると思います。

これを前期と今期の２期分の平均を求めて計算するわけですが、一般には、総資本（総資産）が多い会社はそれだけ規模が大きい会社という評価になります。しかし、経営状況分析（Ｙ点）においては、総資本が多いからといって手放しでは喜べません。それは、この「総資本売上総利益率」が関係していて、総資本が多くなるほどＹ点が下がってしまう可能性があるからです。

総資本（総資産）を減らして貸借対照表全体をコンパクトにするための具体策については、３－５項の「負債回転期間」で紹介した負債を減らすための方法が、この「総資本売上総利益率」でもほぼそのまま当てはまります。

借入金を返済すれば現預金も減るので貸借対照表全体は小さくなりますし、過剰在庫に気をつけたり決算日を見直したりすることで貸借対照表をコンパクトにする効果を得ることができます。ただし唯一、ＤＥＳ（デット・エクイティ・スワップ）だけは、負債を資本金に振り替えるだけ（貸借対照表の右側の上下だけの移動）なので、効果はありません。

そこで、それ以外に貸借対照表を無理なくコンパクトにするための具体策を２つほど紹介しましょう。

①遊休資産を売却し、負債の支払いに充てる

建設業者の社長は、ゴルフ好きな方が多いようです。そんな社長に申し上げるのは大変心苦しいのですが、「ゴルフ会員権」をしっかりと活用できているでしょうか？

たしかに、名門と呼ばれるゴルフ場があり、会員権を保有していること自体が１つのステータスにはなると思います。しかし、「ゴルフ会員権」の金銭的なメリットを享受しようとすると、月に２、３回以上はコースに出てプレーしなければならないなど、意外と大

変です。あちこちのコースを回ってみるのも楽しいでしょうし、社長ですから、あえて土日祝日のプレーフィーが高くて混んでいる日にプレーする必要もありません。であるなら、はたしてその「ゴルフ会員権」は会社にとって本当に必要なのか、改めて検討するのも選択肢かもしれません。

ゴルフ会員権以外にも、別荘、保養所、リゾート会員権など、購入したはいいけど、「いつでも処分できるから」といいながら何となくそのままになっている遊休資産はないでしょうか？　あるいは、購入時の金額からだいぶ値段が下がって損が出ているため売ることができずにいる株などはありませんか？

多少の損が出たとしても、その資産を処分して負債の支払いに充てると、総資産を減らしつつ負債も減らすことができるので、タイミング次第では経営状況分析（Y点）においてはとても効果的です。

②保険積立金の見直しをして、負債の支払いに充てる

中小建設業者の決算書を見ていると、「保険積立金」がものすごい金額になっていることを目にすることがあります。現在の会社の状況、社長のライフスタイル、今後のビジョンなどを考えたときに、はたしてその生命保険は、適切な保障内容かつ適切な保障額・保険料になっているのでしょうか？

保険の話はみなさん敬遠されがちで、保険会社や税理士まかせということが多いです。しかし、保険は会社の状況や社長のライフスタイルなどにも影響があることなので、定期的に見直してみてください。

たとえば、15年前に保険に入った当時は子どもが小さかったけど、いまや成人して社会人になろうとしているとか、以前は会社が借入れをしていてその保証人になったため保険に加入したが、いまはその借入金もなくなり保証人からも外れたような場合には、多額の保険をかけておく必要はなくなると思います。

そういった社長の公私にわたる変化があるときは、保険を見直してみることをおススメします。もちろん見直しの結果、そのままということでもよいと思います。案外、社長自身はどんな保険に加入しているのか把握していないケースもあるものです。それを整理するだけでも、保険見直しの効果はあるはずです。

「総資本売上総利益率」は、２期分の総資本（総資産）を平均することから、一度、総資本（総資産）が増えてしまうと、次年度の経審においても影響が出てきます。総資本の増加に比例して「売上総利益」も増えていれば問題ありませんが、売上高ではなく「売上総利益」というところがポイントです。

「急激な売上増→売掛金や買掛金で貸借対照表が膨張→その割に売上総利益の伸びはイマイチ」というような場合には、総資本売上総利益率の数値は一気に悪くなるので、日ごろから工事原価を把握して予実管理を心がけ、総資本（総資産）が急激に増えることがないように動向にも気を配り、早め早めに動いていくことが必要です。

3-7 「売上高経常利益率」は決算後でも経審点数を上げられる

「売上高経常利益率」の求め方と対策

「売上高経常利益率」は、売上高に対する経常利益の割合で、会社の収益性を表わす指標です。売上高経常利益率は下の囲みの計算式で求めます。

この数値が大きいほど収益性が高い会社ということになり、一番良い数値は5.1%、一番悪い数値は−8.5%です。一般財団法人建設業情報管理センターの統計では、令和３年度の全体平均は3.44%で、前年と比べると少し悪化したようです。

$$売上高経常利益率 = \frac{経常利益}{総売上高} \times 100$$

これも、分母と分子に分けて考えます。まず、売上高経常利益率を大きくするためには分母を小さくすればよいわけですが、３－２項で説明したように、経営状況分析の８つの指標は平等ではないため、「売上高」および「売上総利益」が影響してくる、これまで説明してきた３つの指標（総支払利息比率、負債回転期間、総資本売上総利益率）のほうが経営状況分析（Ｙ点）への貢献度が大きいことから、そちらを優先すべきです。

売上が上がるほど、「売上高経常利益率」だけは点数が下がるんだなぁくらいの気持ちで理解していればよいと思います。

$$売上高経常利益率 = \frac{経常利益 \nearrow}{総売上高 \searrow} \times 100$$

次に、分子の「経常利益」は上の計算式のように大きくすれば、売上高経常利益率は大きくなりますが、一般的に、売上を上げることで結果的に「経常利益」の増加につながるとか、経費を見直してムダな支出を抑えることで「営業利益」ひいては「経常利益」の増加につながるといわれています。

これらはもっともな話で、究極的にはこれが売上高経常利益率を上げるための王道かつ一番の近道だと思います。他にも、「総資本売上総利益率」のところでも触れた、原価を下げる努力はここでも有効です。裏を返せば、「売上高経常利益率」は何かをきっかけとしてグンとよくなるものではなく、日々のコツコツとした努力の積み重ねの結果といえるでしょう。

「収益は上に、費用は下に！」を活用する

しかし、「そうはいっても、何か手はないのか？」といいたいところでしょうから、それを１つ紹介しましょう。

損益計算書の原則として「収益は上に、費用は下に！」をあげました（92ページ参照）。これを最大限に活用するべく、損益計算書のブロック図を使ってわかりやすく説明しましょう。

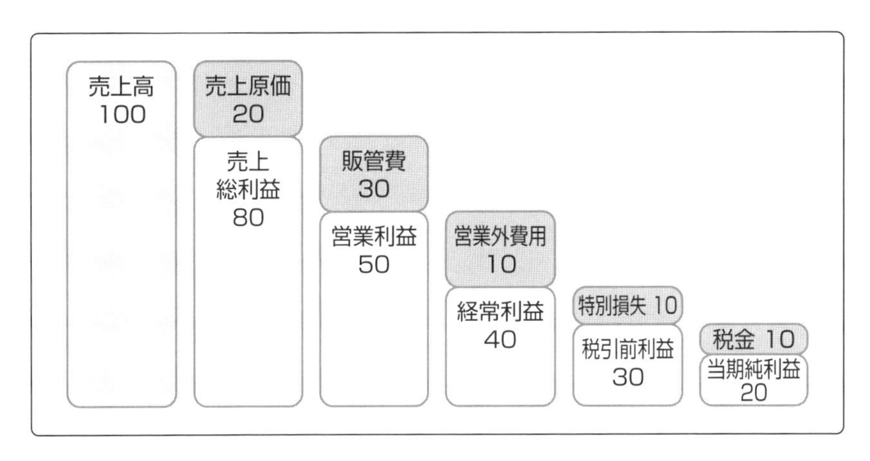

今期の決算書の数字が上図のように固まりました。売上を100としたとき、５つの利益はそれぞれ図に表示した数値になっています。特に何も考えずに決算書から転記して建設業財務諸表を作成すると、当然ながら同じ数値のものができあがります。

しかし、損益計算書の原則である「収益は上に、費用は下に！」を考えながら、決算書を建設業財務諸表に“翻訳”すると、次のようなことが起きることがあります。

たとえば、「販売費及び一般管理費」（販管費）のなかに役員退職金10が含まれていたとします。役員退職金は、大企業であれば役員の交代は珍しいことではなく、経常的に発生する費用ということで、販管費に計上するのが一般的です。

しかし、中小建設業者においては役員の入れ替えはそうそうあることではありません。高齢になっても役員を務めている中小建設業者はけっこうあります。そうなると、たまにしか発生しない臨時的な費用という要素が強いうえ、金額も大きくなるため損益計算書に与える影響は大きなものになります。

このような理由から、この役員退職金を販管費から**「特別損失」へ振り替える**と、５つの利益のうち営業利益と経常利益の額が下図のように変わってきます。

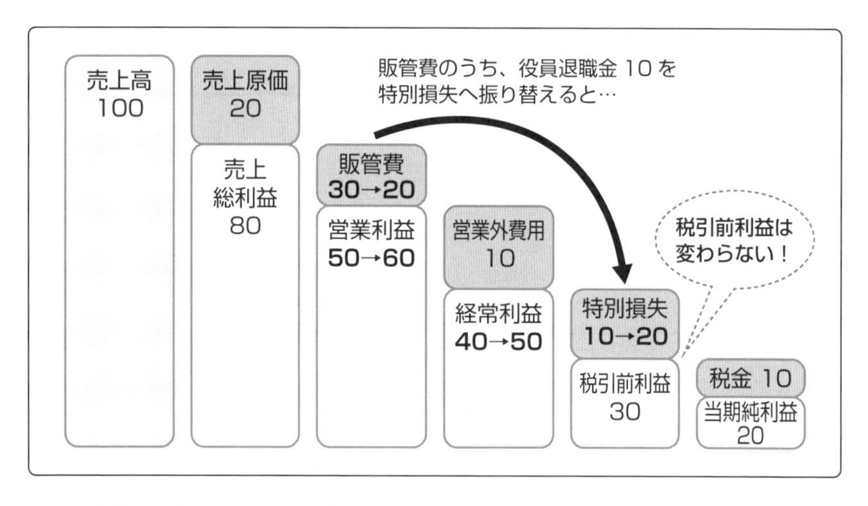

販管費に含まれていた役員退職金が10減って20になることで、営業利益は50→60に増加します。そこから営業外費用10を差し引くと、経常利益も40→50に増加します。その後で、元々の特別損失10と販管費から振り替えた役員退職金10の合計である20を差し引いて税引

前利益は30になり、役員退職金を振り替える前と同額です。

役員退職金という費用を、販管費から特別損失に振り替えることで、営業利益と経常利益は増えるので、これにより経営状況分析（Y点）の指標である「売上高経常利益率」と、経審の評価項目X2（自己資本額および平均利益額）においてプラスの効果が期待できるわけです。

しかし、税引前利益の額は変わっていないので、税金や当期純利益が決算書と変わってくることもありません。これがまさに“翻訳”の効果です。

ちなみに、この役員退職金の振替えについては、まったく根拠がない話をしているわけではありません。「退職給付に係る会計基準」を参考にしており、また国土交通省の告示「建設業法施行規則別記様式第15号及び第16号の国土交通大臣の定める勘定科目の分類を定める件」において、販管費の退職金は「役員及び従業員に対する退職金（退職年金掛金を含む）は…（中略）…なお、いずれの場合においても異常なものを除く」と定められています。中小建設業者において役員退職金は、臨時的かつ巨額なものであることから、この告示にある「異常なもの」と判断して特別損失に振り替えているわけです。

決算書から建設業財務諸表への“翻訳”については、虚偽の経理処理といわれないためにも、きちんと根拠にもとづいて行なうことが大切です。

3-8 「自己資本対固定資産比率」では固定資産を持ちすぎない

「自己資本対固定資産比率」の求め方

経営状況分析（Y点）の８つの指標のうち、５つめの「**自己資本対固定資産比率**」は、Y点への貢献度の振れ幅が２番目に小さいので、気楽な気持ちで対処しても問題はありません。

調達してきたお金を長期にわたって投資・運用していく固定資産は、返済が不要な自己資本で調達できているのが最も健全な状態です。そこで、自己資本と固定資産の数字を比べてみることで、会社の健全性を把握することができます。

一般的には、「固定資産÷自己資本」で計算する「固定比率」のほうが有名ですが、経営状況分析（Y点）では、分母と分子を入れ換えてその逆数を採用しており、これを「自己資本対固定資産比率」と呼んでいます。

この数値が大きいほど健全な会社ということになり、一番良い数値は350.0％、一番悪い数値は−76.5％です。一般財団法人建設業情報管理センターの統計では、令和３年度の全体平均は283.71％で、前年、前々年と比べると改善傾向にあるようです。

$$\text{自己資本対固定資産比率} = \frac{\text{自己資本（純資産合計）}}{\text{固定資産}} \times 100$$

自己資本（純資産合計）を増やす方法

この比率も分母と分子に分けて見ていきましょう。まず分子の「自己資本」は、イメージしやすい言葉かもしれませんが、実は現行の建設業財務諸表には「自己資本」という表記はなく、「**純資産合計**」と表記されているので注意が必要です。

経営をしていくうえで自己資本は多ければ多いほどよいわけですが、経審および経営状況分析（Ｙ点）においても同じことがいえます。

「自己資本」を増やす方法は、基本的には２つしかありません。１つは、**毎年きちんと利益を出し続ける**ことです。「自己資本」は会社を設立してから現在に至るまでの利益の積み重ねなので、毎期利益を出し続けることでのみ唯一、自然に増えていきます。

しかし、「今期は利益が出すぎるから経費を使わなきゃ」とか「税金を払うのは嫌だから節税しなきゃ」と仰る社長が一定数いらっしゃいます。会社として節税と財務の安定のどちらを優先するのかによって変わってきますが、「**利益が出なければ自己資本は増えない**」ということを改めて認識しておいてください。

自己資本を増やす２つめの方法は、**新たな資金を注入して増資すること**です。現在の資本金が10,000千円であれば社長が新たに10,000千円を追加出資して20,000千円に増資する、社長が会社にお金を貸しているのであればそれを元手にＤＥＳ（デット・エクイティ・スワップ。108ページ参照）を行なう等が考えられます。

一方で、気をつけなければならない点があります。たとえば、資本準備金を資本金に組み入れたり、任意積立金を資本金に組み入れたりといった増資は、貸借対照表の「純資産の部」のなかでの科目間の移動でしかなく、自己資本は１円も変動しないので意味がありません。この点は、誤解しないように注意してください。

なお、増資をすると経審や経営状況分析（Ｙ点）での点数アップという効果以外にも、**対外的な信用力（特に対金融機関）がアップする**というメリットもあります。

しかし、デメリットも１つだけあります。意外と忘れられがちなのですが、**税金が増える**ことです。法人都（県）民税、法人区（市）民税といったいわゆる法人住民税の均等割は、資本金の額と従業員数で決まってきます。たとえば、東京都23区内で従業員数50人以下であれば、法人住民税は資本金10,000千円以下で７万円、資本金

10,000千円超～100,000千円以下で18万円と、10,000千円を境に、実に税額は11万円も変わってきます。増資をするときには、こういったところにも気をつける必要があるので、税理士を交えて進めていくとよいでしょう。

固定資産を小さくする方法

次に、分母の「固定資産」を小さくすれば、自己資本対固定資産比率は高くなります。

$$\text{自己資本対固定資産比率} = \frac{\text{自己資本(純資産合計)}\nearrow}{\text{固定資産}\searrow} \times 100$$

固定資産は、①土地・建物といった不動産や車・機械などの有形固定資産、②電話加入権やソフトウェアなどの無形固定資産、③保険積立金、ゴルフ会員権、敷金・礼金などの投資その他の資産、の3つに大きく分けられます。

3－6項「総資本売上総利益率」のところで紹介した、総資本（総資産）を減らすための具体策である、**遊休資産の売却や保険積立金の見直し**は、ここでもやはり効果があります。

それに加えて有形固定資産ならではの対策としては、たとえばトラックやユンボといった**建設系の車両をレンタルで済ませる**のも1つの手です。建設系の車両や機械は、専門的ゆえにけっこう値段が張ることが多いので、購入すると有形固定資産が一気に増えます。しかしレンタルを活用すれば、賃借料の支払いのみとなり、貸借対照表には出てこないため、固定資産の金額を減らすことにつながります。

また、この「自己資本対固定資産比率」や「総資本売上総利益率」が頭に入っていれば、不動産を購入したり大型機械を導入したりといった大きな買い物をするときには、会社で買うのか、社長個人で買って会社に貸すのか、関連会社で買うのかというように選択肢が広がります。

固定資産は持っていないほうがよいの？

最後に、半分ボヤキになってしまうのですが、経審および経営状況分析（Y点）の制度的な問題について触れておきたいと思います。興味がなければ読み飛ばしてかまいません。

この「自己資本対固定資産比率」は、固定資産を持たない会社のほうがよい評価となってしまうという、ちょっと変な指標です。たとえば、固定資産が0で、自己資本がプラスであれば、「自己資本対固定資産比率」は満点がついてしまいます。

しかし現実はどうかというと、業種により違いはありますが、建設業者は建設車両や建設機械等を用いて工事を施工していくのが一般的です。固定資産（特に有形固定資産）は、建設業者にとっては大事な商売道具なのです。

また、有事の際には土砂の搬出やがれきの撤去などで建設車両や建設機械が大活躍してくれます。それなのに、経審の一部である経営状況分析（Y点）においては、固定資産を持たないほうが評価されるという矛盾が生じているのです。

この矛盾を軽減すべく、経営事項審査の評価項目X2（自己資本額および平均利益額）では、当期減価償却実施額を考慮したり、その他の審査項目（W）で建設機械の保有状況を加点対象にしたりしています。しかし、10年以上も見直しされていない経営状況分析（Y点）については、そろそろ見直しが行なわれてもよいのではないか、というのが私個人の見解です。

3-9 「自己資本比率」、まずは40%をめざそう！

「自己資本比率」の求め方

経営状況分析（Ｙ点）の８つの指標のうち６つめは「**自己資本比率**」についてです。中小建設業者にとってはＹ点の結果を左右する大きなポイントとなる指標の１つなので、優先度は高めで対応いただければと思います。

「自己資本比率」は、比較的メジャーな経営指標なのでご存知の方も多いと思います。「自己資本比率」とは、総資本（総資産）における自己資本（純資産合計）の占める割合です。平たくいえば、調達してきたお金全体（総資本）を、返す必要があるお金（負債）と返す必要がないお金（純資産）に分けたときに、返さなくてもよいお金がどれだけあるのかを表わしています。

「自己資本比率」を求める計算式は下の囲みのとおりです。この数値が大きいほど健全な会社ということになり、一番良い数値は68.5％、一番悪い数値は－68.6％です。一般財団法人建設業情報管理センターの統計では、令和３年度の全体平均は37.54％となっていて、前々年・前年と比べて上昇しています。なお、総資本がゼロの場合は、最低点となります。

$$\text{自己資本比率} = \frac{\text{自己資本（純資産合計）}}{\text{総資本（総資産）}} \times 100$$

自己資本比率をよくするには

計算式の分子は、自己資本対固定資産比率と同じく「自己資本」です。貸借対照表上では「純資産合計」と表記されています。

説明が重複するのでここでは割愛しますが、自己資本を増やす方法は、節税ばかりしていないできちんと利益を出して**内部留保を貯めていく**ことが一番の近道です。

$$\text{自己資本比率}=\frac{\text{自己資本（純資産合計）}↗}{\text{総資本（総資産）}↘}\times 100$$

一方、分母はというと、これも「総資本売上総利益率」で出てきた「総資本（総資産）」です。ただし、総資本売上総利益率では前期との平均値を採用していましたが、「自己資本比率」においては経審の審査対象年度の総資本で計算をします。

分母にあるので総資本（総資産）を減らす工夫が必要になりますが、これについてもすでに説明したので、いま一度、3－6項の「総資本売上総利益率」で確認してください。

「自己資本比率」は、経営状況分析（Y点）上はもちろん、会社の経営を考えたときにも、数値はやはり高ければ高いほどよいです。返済しなくてもよいお金は、多いほうがよいに決まっていますね。

一般に、自己資本比率が40％以上であれば会社がつぶれることはないといわれています。ですから、まずは40％をめざしましょう。

3-10 中小建設業者が「営業キャッシュフロー」で点数を稼ぐのは難しい

「営業キャッシュフロー」の求め方

経営状況分析（Ｙ点）の８つの指標のうち７つめは「**営業キャッシュフロー**」ですが、３－２項で、売上10億円以下の中小建設業者においては、あまり重要度は高くないと説明しました。しかし、将来の自社の成長のためには、営業キャッシュフローを把握しておくとプラスになると思います。

「キャッシュフロー」（Cash Flowの頭文字をとって以下「**ＣＦ**」と略します）という言葉を聞いたことがある方は多いと思いますが、その中身について詳しく把握している方は意外と少ないようです。

上場企業には「キャッシュフロー計算書」を作成する義務がありますが、中小企業には作成義務がないため、まだまだピンとこない方が多いのも致し方ないと思います。

キャッシュフローには、「営業ＣＦ」「投資ＣＦ」「財務ＣＦ」の３種類がありますが、経営状況分析（Ｙ点）で評価対象としているのはズバリ、本業でどれだけお金を稼げたかを表わしている「営業ＣＦ」です。

ただし、経営状況分析（Ｙ点）の指標として用いる営業ＣＦは一般的に使われているものとは少し異なっており、下の囲みの計算式で計算します。一番良い数値は15.0億円、一番悪い数値は－10.0億円です。一般財団法人建設業情報管理センターの統計では、令和３年度の全体平均は0.209（億円）となっていて、前年、前々年と比べると改善傾向にあるようです。

$$営業キャッシュフロー＝\frac{営業ＣＦ（２期平均）}{１億}$$

営業ＣＦは、具体的には次のように計算して求めます。

営業ＣＦ＝経常利益（①）＋減価償却実施額（②）
－法人税・住民税及び事業税（③）
＋貸倒引当金（長期を含む）増減額（④）
－売掛債権（受取手形＋完成工事未収入金）増減額（⑤）
＋仕入債務（支払手形＋工事未払金）増減額（⑥）
－棚卸資産（未成工事支出金＋材料貯蔵品）増減額（⑦）
＋未成工事受入金増減額（⑧）

この計算式を見ると、登場する科目が多くて理解する気がなくなってしまうかもしれませんが、上記計算式に出てくる各科目の注意点などについて見ていきましょう。

①経常利益

損益計算書における「収益は上に、費用は下に！」の原則はここでも活きてきます。損益計算書のブロック図を思い出してください。売上と営業外収益を上げて、売上原価と販管費、営業外費用を下げることで経常利益はアップしますね。

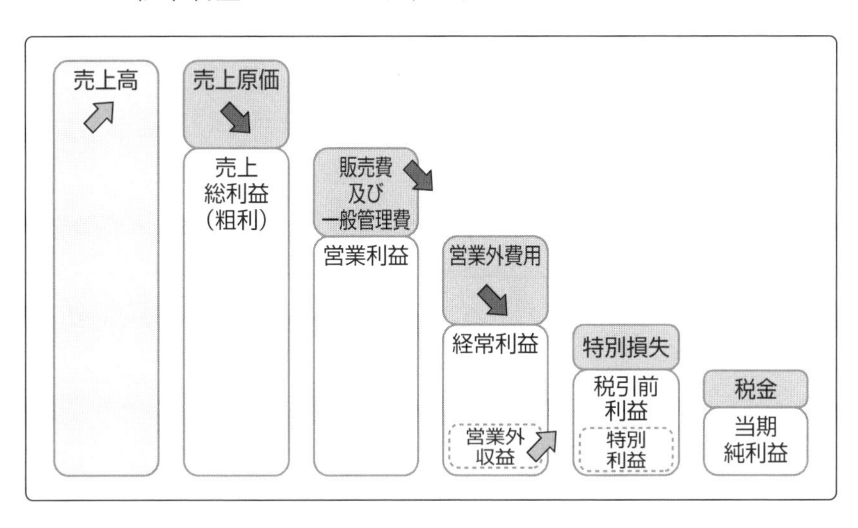

たとえば、販管費であれば、「交際費」は使いすぎていないか、ほとんど参加していないのに付き合いで加入している「会費」はないか、というように、科目をさらに細分化して検討するとよいでしょう。

②減価償却実施額

「赤字決算だと銀行がお金を貸してくれなくなる…」「赤字決算は見てくれが悪い」などの理由から、赤字を阻止するべく減価償却費を計上していない決算書をたまに見かけます。税理士によると税法上は違法ではないようですが、減価償却費を計上しないでギリギリ黒字にしても、銀行はお見通しなのであまり意味はないようです。

それはさておき、減価償却費は損益計算書に費用として計上しても、実際にお金が出ていっているわけではないので、キャッシュフロー（お金の流れ）上は、その分を利益として考えます。

したがって、経営状況分析（Y点）において減価償却費を計上しないのはあまり得策とはいえません。また、経審の評価項目であるX2（自己資本額および平均利益額）でも、減価償却実施額を営業利益に合算して評価対象としています。

③法人税・住民税及び事業税

法人税や住民税、事業税はお金が出ていくので、マイナスします。

「法人税・住民税及び事業税」が計上されていない決算書をたまに見かけます。この税金処理については後述しますが、建設業財務諸表においては、当期の決算で生じる税金は当期の決算で費用処理するのがルールとなっています。

決算書に法人税などの税金を計上していない場合は、確定申告書の別表四、五（一）、五（二）を確認して、正しく計上しましょう。

④貸倒引当金（長期を含む）増減額

前ページの計算式の④以降は、「増減額」となっているように、前期については前々期と前期、当期については前期と当期の各科目を比較して、その増減額を求める必要があります。

貸倒引当金は、売掛金や受取手形などの相手先が倒産をした場合の貸倒れリスクに備えるため、回収できなくなる（損失になる）かもしれない金額をあらかじめ計算、計上しておくお金ですが、引当金に繰り入れる際に費用計上します。

しかし、キャッシュフローという観点からは、先に説明した減価償却費と同様に、実際にお金が出ていっているわけではないので、営業キャッシュフローの計算ではプラスして戻してあげます。

⑤売掛債権（受取手形＋完成工事未収入金）増減額

「売掛債権増減額」とありますが、ここでいう「売掛債権」は、建設業財務諸表上の「受取手形」と「完成工事未収入金」に限られます。したがって、兼業事業分の売掛金はこの計算に含めないので注意が必要です。たとえば、決算書に「売掛金」とあるものを機械的に「完成工事未収入金」にしていると、そのなかに兼業事業分の売掛金が入っていて損をしてしまうことがあります。

なお、「売掛債権ってことは売上があがっているのに、なぜマイナスするの？　プラスではないの？」と質問されることがありますが、これは受取手形や売掛金は現金ではないので、キャッシュフローを考えるうえではキャッシュが増えたことにならないからです。

これがキャッシュフローの怖いところで、売上と利益があがっていても、その回収が遅れている場合は、それだけ現金が入ってきていないことになるため、キャッシュフローとしてはマイナスになります。

⑥仕入債務（支払手形＋工事未払金）増減額

「仕入債務」は売掛債権の反対となる費用ですから、考え方も真逆になります。

ここでいう「仕入債務」は、建設業財務諸表の「支払手形」と「工事未払金」に限られます。⑤売掛債権と同様に、兼業事業分の買掛金や工事以外の未払金はこの計算に含めないので注意が必要です。たとえば、決算書に「未払金」とあるものを建設業財務諸表でも機械的に「未払金」にしていると、そのなかに工事分の買掛金（工事未払金）が入っていると損をしてしまうことになります。

したがって、決算書に買掛金や未払金がある場合には、工事の材料代や外注費等が含まれていないか確認しましょう。

また、売掛債権の場合と同様に「買掛金は負債なのになぜプラスをするの？」と不思議に思うかもしれませんが、仕入債務（未払金や買掛金）が増えているということはその分、現金は出ていっていない（これから出ていくのですが…）ということなので、仕入債務が増えればキャッシュフロー的にはプラスになります。

⑦棚卸資産（未成工事支出金＋材料貯蔵品）増減額

棚卸資産という言葉は比較的よく知られていますが、「棚卸資産」という名前のまま決算書に出てくることはあまりありません。棚卸資産は、まだ売れていない商品、工事の材料、仕掛中の工事の支出金など事業活動のために使用する・使用中である資産の総称だからです。

棚卸資産に含まれる勘定科目は数多くありますが、ここでは建設業財務諸表の「未成工事支出金」と「材料貯蔵品」に限られます。したがって、決算書に「仕掛品」とだけある場合は、それが工事用の材料なのか兼業用の材料なのか、あるいは未成工事支出金（仕掛工事）なのか兼業事業における前渡金なのか、という精査が必要です。

これも「仕掛品」を機械的に「未成工事支出金」へ読み替えて転記している場合は、損をすることになります。決算書だけではここまでわからないため、確定申告書に添付されている勘定科目の内訳明細書等で確認するようにしましょう。

⑧未成工事受入金増減額

ここまで読んでくればだいたい予想がつくのではないかと思いますが、「未成工事受入金」は工事に関する「前受金」のことなので、キャッシュが入ってきていることを意味するためキャッシュフロー的にはプラスに働きます。

したがって、決算書に「前受金」とあるものを機械的に転記して兼業事業分の前受金としてしまうと損をすることになります。これについても、確定申告書に添付している勘定科目の内訳明細書等で確認するようにしましょう。

営業ＣＦは、これだけ覚えておこう

この項の最後に、前述の営業キャッシュフローを求める計算式を１つひとつ覚えるのは大変（特に④以降）だと思うので、営業キャッシュフローにおける原則を紹介しておきましょう。

それは、「**左は小さく、右は大きく**」の原則です。前述の計算式の④～⑧に出てくる勘定科目を貸借対照表に書き込んでみると、下図のようになります。

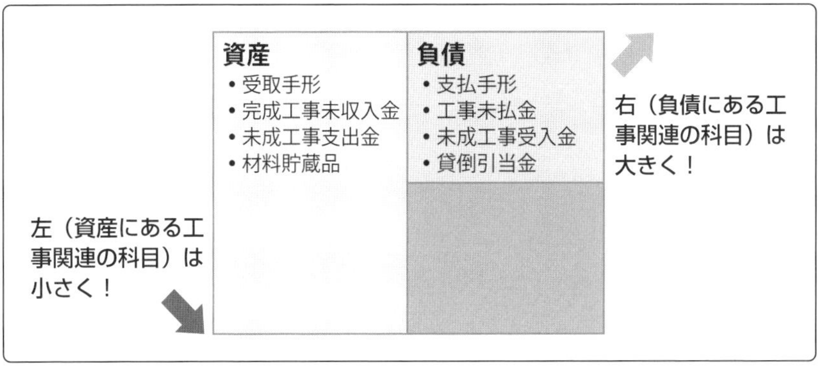

資産	負債
・受取手形 ・完成工事未収入金 ・未成工事支出金 ・材料貯蔵品	・支払手形 ・工事未払金 ・未成工事受入金 ・貸倒引当金

右（負債にある工事関連の科目）は大きく！

左（資産にある工事関連の科目）は小さく！

すると、資産と負債に４つずつ入り、きれいに左右に分かれていることがわかります。資産にある４つの科目は計算式の⑤と⑦なのでマイナスに働くことから金額が小さいほどよく、負債にある４つの科目は計算式の⑥と⑧なのでプラスに働くことから金額が大きいほどよいことがわかります。

ただし１点だけ気をつけてほしいのは、④貸倒引当金については、決算書ではマイナス表示をして資産に計上することが一般的ですが、資産のマイナス（負債）という性格からわかりやすさ重視で、ここではあえて負債に記載しているということです。

この項の冒頭でも書きましたが、中小建設業者にとってはこの「営業ＣＦ」の重要度はあまり高くありません（その理由は次の「利益剰余金」の項で説明します）。

したがって、営業ＣＦを求める計算に用いる８つの要素を暗記して覚える必要はありませんが、キャッシュフローの考え方と、「左は小さく、右は大きく」の原則だけは覚えておくと、今後役に立つはずです。

3-11 中小建設業者の経審においては「利益剰余金」はオマケである

「利益剰余金」の求め方

経営状況分析（Y点）の指標である「**利益剰余金**」は、下の囲みの計算式で求めます。一番良い数値は100.0億円、一番悪い数値は−3.0億円です。一般財団法人建設業情報管理センターの統計では、令和３年度の全体平均は1.720（億円）で、前年、前々年と比べると改善傾向にあるようです。しかし、これは売上規模が大きい会社も含まれた数字なので、売上10億円以下の中小建設業者の平均値はグンと下がります。

$$利益剰余金＝\frac{利益剰余金}{1億}$$

分子にあるのは貸借対照表の「利益剰余金」です。分母が１億で固定されているので、この金額が大きければ大きいほど点数がよくなります。しかし、３－２項でも少し触れましたが、残念ながら利益剰余金を短期で増やす方法はありません。

自己資本（純資産合計）には増資という方法がありますが、利益剰余金は創業以来の利益の積み重ねなので、過度な節税をせずにきちんと利益を上げ続けること、役員賞与や株主配当を控えめにして内部留保を積極的に行なうことに尽きます（「資本準備金」を繰越利益剰余金に振り替えることも可能ですが、手続きが煩雑です）。

なぜオマケの指標なのか

「利益剰余金」の計算式には、「営業ＣＦ」と同様に、分母に「１億」という固定された数字が入っています。「営業ＣＦ」と「利益剰余金」が経営状況分析の他の６つの指標と大きく異なるのは、この分母の「１億」という数字です。

他の６つの指標は、分子が大きくなってもそれ以上に分母が大きくなれば指標として悪くなることもありました。一方、「営業ＣＦ」と「利益剰余金」は分母に固定した数字を使っているため、分子の金額が大きければ大きいほど点数がよくなる絶対的な指標です。

この２つの指標は、大企業と中小企業を区別するために設けられた指標といわれています。つまり、中小建設業者がこの２つの指標で得点を稼ぐというのは、制度設計の時点からあまり期待されていないわけです。

したがって、中小建設業者は「営業ＣＦ」と「利益剰余金」については、オマケ程度の認識でＯＫです。３－２項で「売上10億円以下の中小企業においてはどうしても点数がつかないようになっている指標」といったのは、これが理由です。

ただし、経審と入札について戦略的に取り組んでいくためには、貴社にとって理想的な貸借対照表をつくり上げる姿勢が大切です。会社をこうしていきたいというビジョンやミッションを全社員に公開し、そのためには利益を積み重ねていく必要があること、そして利益を積み重ねた先には社員にも還元できること等をきちんと社内で共有して、会社一丸となってこれに取り組んでいくことが成果を上げるための近道です。

さて、経営状況分析（Ｙ点）の各指標について解説してきましたが、決算書（建設業財務諸表）を使って数字の話がたくさん出てくるので、「とりあえず利益が出ていれば大丈夫でしょ」とか「細かい話はわからない」と苦手意識を持っている社長も多いです。

しかし、経営状況分析（Ｙ点）は８つの指標に、８つの指標は１つひとつの分数に、そして分数は分子と分母にそれぞれ細分化してみると、意外と「なるほどね」と腑に落ちるのではないかと思います。まさに２章で説明した“課題の細分化”という考え方がここで本領を発揮するわけです。

3-12 貴社の建設業財務諸表は疑われているかもしれない!?

建設業財務諸表（決算書）の公平性は保たれているか

経審の前に受ける経営状況分析で、分析機関から追加資料を求められたことはありませんか？　それは、あなたの会社の建設業財務諸表が疑われているからかもしれません。

いうまでもないことですが、公共工事の入札は公平かつ透明でなければいけません。したがって、公共工事の入札参加登録の際に義務づけられている経審についても、公平かつ透明である必要があります。たとえば、経審用の建設業財務諸表が税抜きで統一されているのも（一部、例外あり）、税込みか税抜きかという会計処理によって有利・不利が生じないようにするためです。

国は、各地方整備局等や都道府県宛てに「経営事項審査の事務取扱いについて」という通知文書や告示を出すなどして、経審の公平性と透明性の確保に努めていますが、国を含めた各行政からは見えにくい部分、それが建設業財務諸表（決算書）の公平性です。

税務署は、益金か損金かという視点でしか決算の数字を見ていないため、税法に則った会計処理をして、きちんと納税をしていれば何も言いません。

しかし、建設業財務諸表、特に経審を受ける場合の建設業財務諸表においては、会計処理についても一定の公平性・客観性が保たれていなければなりません。それでこその客観的な評価です。

ところが、前述のとおりこれは行政からは見えにくいのです。そこで、経営状況分析する際に分析機関は「**疑義チェック**」を行なって、建設業財務諸表（決算書）における虚偽申請防止の機能を果たしています。

この「疑義チェック」に当てはまると、建設業者は分析機関から追加資料を求められます。そして、追加資料を含めて確認した結果、特に問題がなければそのまま分析結果通知書が発行されて無事終了です。しかし、一定の基準を超える場合には、疑義チェックに引っかかった建設業者については、分析機関から国土交通省に定期的に報告が行なわれています。

疑義チェックではどんなことが行なわれるのか

「疑義チェック」の基準や確認方法については、分析機関以外には非公開となっています。手品のタネ明かしになってしまうので当然です。

しかし、かつて「全建ジャーナル」という雑誌（2006年12月号）に、国土交通省建設業課が寄稿した記事が掲載されたことがありました。後にも先にもこれ以外に疑義チェックについて触れた記事は見たことがありません。その内容でいっていることは、いまも大きくは変わっていないと思いますので、紹介しておきましょう

①総資本回転率の経年変化が異常に大きい場合

「総資本回転率」は、売上高に対して総資本（総資産）が何回転したか、そして総資本（総資産）が自社の売上にどれだけ有効に活用されているかを判断する指標で、次の計算式で求めます。

$$総資本回転率 = \frac{売上高}{総資本（総資産）}（回）$$

この数字が大きいほど、「総資本を上手に回転させることができている＝効率的に売上をつくることができている」ことになります。

中小企業庁の「2018年中小企業実態基本調査」によると、総資本回転率の全産業の平均値は1.12（回）、建設業は1.32（回）となっています。自社の数値を計算して、平均値と比べてみてください。

この総資本回転率の数字が前年に比べて大きく変わったということは、総資本はあまり変わらずに売上だけが急激に増減するか、売

上はあまり変わらずに総資本だけが急激に増減するかのどちらかです。前者であれば、前期または当期に計上すべき売上を意図的に計上しなかった可能性がありますし、後者であれば、完成工事未収入金や未成工事支出金等の科目を調整している可能性があることから、疑義チェックの対象となっているものと思われます。

②未成工事支出金が月商に比して異常に多い場合

「未成工事支出金」は、決算日において完成していない工事（＝工事の完成が次年度以降になる工事）について、それまでに支出した材料費や外注費などの工事原価を流動資産としていったん計上しておく科目ですが、建設業者の粉飾決算に使われることが多い科目として有名です。

粉飾されがちな例としては、たとえば、決算日ギリギリに終わった工事について売上にはきちんと入れたにもかかわらず、それに対応する費用を工事原価として計上していないケースがあります。こうすると原価を計上しないため、売上および利益は軒並みアップします。

しかしこれは、収益（売上）を計上するときはそれにかかった費用（原価）をセットで計上しなければならない、という「収益費用対応の原則」からして明らかに不適切な処理です。したがって、未成工事支出金の増減は必ずチェックされると思ってよいでしょう。

③特別損失が売上高に比して異常に大きい場合

金融機関に提出したり、ステークホルダー（株主等の利害関係者）に提示したりすることを考えると、損益計算書に出てくる各利益は大きければ大きいほどよいでしょう。

そこで、各利益を大きく見せようとして、工事原価や販売費及び一般管理費として計上すべき費用を、特別損失として計上する粉飾が行なわれることがあります。これをすることで、売上総利益、営業利益、経常利益が大きく見えるようになりますが、最終的に算出される当期純利益は変わらないため、決算書上の辻褄が合ってしまうのです。

これは、経営状況分析（Y点）の点数アップ方法の裏返しにはなるのですが、点数アップのために特別損失に振り替える場合にはきちんと根拠を示せることが必要です。

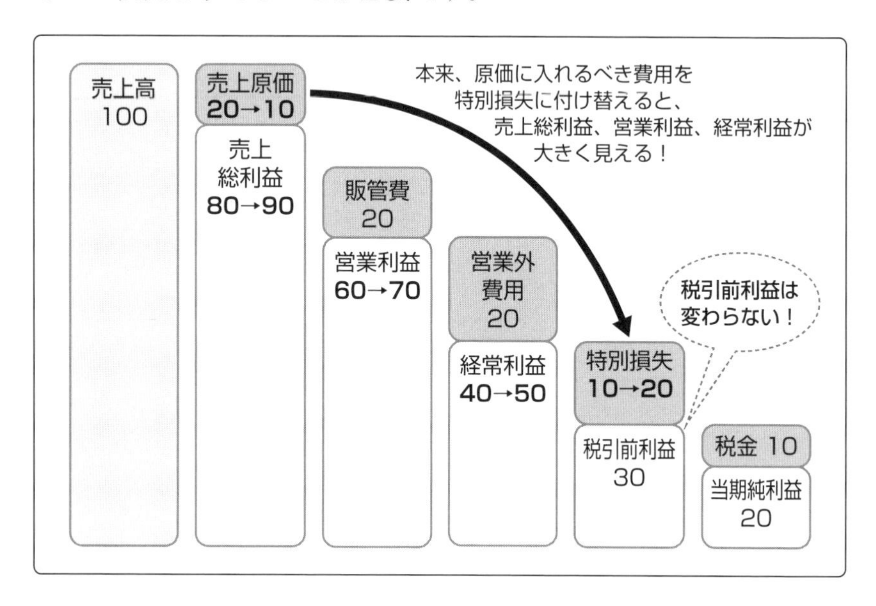

また、もう1つ考えられるのは、過去の粉飾を特別損失で帳消しにしている可能性です。建設業者の粉飾決算として多いのが、架空の工事売上を計上し、その売上分をそのまま完成工事未収入金として計上し続けておく方法です。

単年でガッツリ計上ということもあれば、複数年にわたって少しずつ計上ということもあるでしょう。しかし、これをやると売上に比べて完成工事未収入金が大きくなりすぎるため、どこかで精算しなければなりません。

そうなると、回収不能債権（貸倒損失）として特別損失で処理することになり、売上高に比べて特別損失だけが大きくなることになり、粉飾決算の後処理の疑いが濃くなります。

④各勘定科目の金額が総資産の金額に比して異常に多い場合

ここまでお読みいただければ、もはや説明不要かもしれませんが、貸借対照表のなかで突出している勘定科目があれば、見るほうからすればやはり気になるものです。

前述の完成工事未収入金や未成工事支出金はもちろんのこと、兼業がある場合には、兼業分の売掛金や買掛金、破産債権・更生債権等の金額が大きい場合には、分析機関から追加資料を求められると思っておいたほうがよいでしょう。

それ以外の勘定科目でも、金額が大きければ数字を付け替えたりしている可能性が疑われます。しかし、きちんとした理由があればなにも恐れることはありませんので、説明するための資料を用意しておきましょう。

⑤前期、当期の経常収支比率がいずれも100%未満、かつ当期経常利益がゼロ以上である場合

経常収支比率は経営状況分析（Ｙ点）の８指標には含まれていないので、あまりなじみのない言葉かもしれません。私も本書を執筆するにあたって、初めて真剣に勉強しました。しかし、金融機関ではよく使われている指標のようです。

経常収支比率はキャッシュフローに着目して資金繰りを見る指標で、通常の営業活動で当期の運転資金をまかなえているのかをチェックするものです。計算式は次のとおりです。

$$\text{経常収支比率} = \frac{\text{経常収入}}{\text{経常支出}}(\text{率})$$

ここで「経常収入」とは、「売上高－受取手形増加額－売掛金増加額＋前受金増加額＋前受収益増加額＋営業外収益」のことで、「経常支出」とは、「売上原価－支払手形増加額－買掛金増加額－未払金・未払費用増加額＋棚卸資産増加額＋前渡金・前払費用増加額＋販管費＋営業外費用＋その他流動資産増加分－減価償却費－貸倒引当金

増加額」のことです。とても複雑ですね。

ざっくりいってしまえば、経常収入は、お金の入り（売上高と営業外収益と前受金）から売掛金や手形のように実際にはお金が入ってきていない金額（の増加分）を控除したもので、経常支出は、お金の出（原価、販管費、営業外費用、前払金等）から買掛金や減価償却費のように実際にはお金が出ていっていない金額（の増加分）を控除したものです。一般企業の経常収支比率は100％以上になることが大前提です。100％未満ということは支出が収入を上回っている状態、つまり通常の営業活動が赤字なので、資金繰りが不安な状態ということになります。

さて、この経常収支比率が「２期連続で100％未満」ということは、資金繰りがとても厳しい状態にあるのはいうまでもなく、それにもかかわらず「当期経常利益がゼロ以上」ということは、売掛金や棚卸資産（原材料や未成工事支出金）が急激に増えているのではないかなどと、なにかしら粉飾が疑われる原因となります。

上記５つの項目については、あくまでも「全建ジャーナル」(2006年12月号）の記事で紹介されていたものですが、それぞれの解説は私が独自に加えたものです。当然、これ以外にも「疑義チェック」される項目はあると思いますが、非公開のためわれわれが知ることはできません。しかし、改めて上記５つの項目について考えてみると、やはり完成工事未収入金（売掛金）、未成工事支出金（仕掛品、棚卸資産）、原材料あたりが目立つ建設業財務諸表は、目をつけられやすいということがよくわかります。

本書をお読みいただいている社長のなかにはそういう方はいないと思いますが、粉飾決算は犯罪です。粉飾に手を染める前に、１日でも早く財務体質の改善に取り組みましょう。

公共工事の受注につながる「建設業財務諸表」のつくり方

4-1 建設業財務諸表の構成を理解しておこう

中小建設業者は、経審の５つの評価項目のうち「Ｙ」と「Ｗ」から取り組んでいくとよいと前述しました。Ｗは決算日時点で評価項目に当てはまるか否かというものであるのに対し、Ｙは１年かけて事業活動をしてきた結果なので常日頃から意識しておきたい評価項目です。

そこで本章では、経営状況分析（Ｙ点）を意識した「公共工事の受注につながる建設業財務諸表のつくり方」について解説していきます。

建設業財務諸表の構成はどうなっている？

まず、建設業財務諸表がどういった構成で成り立っているのかを確認しておきましょう。建設業財務諸表は、次の書類から成り立っています。

- 貸借対照表
- 損益計算書
- 完成工事原価報告書
- 株主資本等変動計算書
- 注記表

このほかにも、「兼業事業売上原価報告書」や「附属明細表」といった様式もあります。しかし、兼業事業売上原価報告書は行政庁に提出しないうえ、分析機関に提出していてもＹ点には影響しないため本書では省略します。また、附属明細表が求められるのは資本金１億円超の株式会社または負債合計が200億円以上の株式会社に

限られるため、これも省略します。

さて、建設業者に限ったことではありませんが、決算書にしても建設業財務諸表にしても、財務や会計の話には苦手意識を持っている社長が意外と多いです。その原因の多くは、「1円単位でピッタリ合わせなきゃ」とか「これはどの勘定科目に入れるのが正しいのだろうか…」といった細かい仕訳や勘定科目を正確に処理することにばかり意識がいってしまうためです。

実は、社長は細かい数字を1つずつ見る必要はありません。決算書を読めるようになる必要もありません。社長は、下にあげたブロック図を描くだけで、ざっくりとでもタイムリーに会社の数字全体を把握することができるようになります。

会社の数字をタイムリーに把握することは、公共工事を受注して戦略的に経審に取り組むために必要なのはもちろんのこと、会社の経営全体を考えていくうえでとても大事なことです。

◎建設業財務諸表のブロック図◎

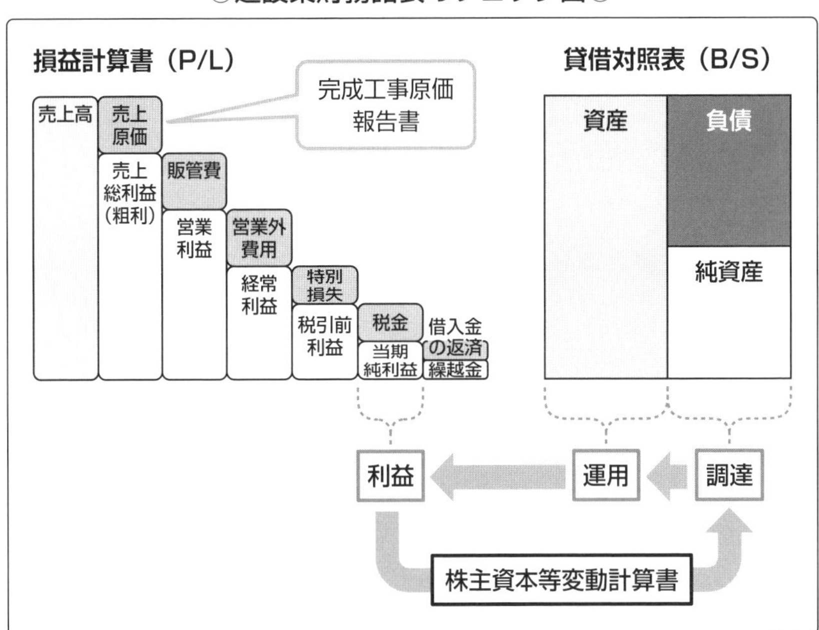

貸借対照表のしくみ

「**貸借対照表**」は、年度末時点での会社の財政状況を示す書類です。貸借対照表の図は、税理士が作成する決算書の見た目そのままなのでなじみやすいと思います。しかし、建設業財務諸表は「報告式」と呼ばれる形で表示されているので、とても見づらくなっています。

決算書では、貸借対照表は下図のように勘定式ですが、建設業財務諸表では右図のように報告式になっているのです。

貸借対照表（令和◯年３月31日現在）			
資産の部		負債の部	
流動資産	7,500	**流動負債**	3,500
現金	1,000	未払金	1,000
完成工事未収入金	4,000	未成工事受入金	2,500
未成工事支出金	2,500	**固定負債**	500
固定資産	2,500	**負債合計**	4,000
車両運搬具	1,000	純資産の部	
工具器具	1,500	資本金	5,000
繰延資産	0	利益剰余金	1,000
		純資産合計	6,000
資産合計	10,000	負債・純資産合計	10,000

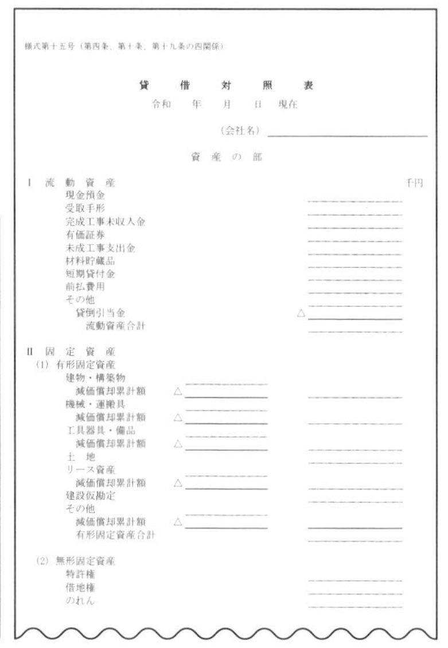
様式第十五号（第四条、第十条、第十九条の四関係）

貸　借　対　照　表

令和　年　月　日　現在

（会社名）＿＿＿＿＿＿

資　産　の　部

千円

Ⅰ　流　動　資　産
現金預金
受取手形
完成工事未収入金
有価証券
未成工事支出金
材料貯蔵品
短期貸付金
前払費用
その他
貸倒引当金　△
流動資産合計

Ⅱ　固　定　資　産
(1)　有形固定資産
建物・構築物
減価償却累計額　△
機械・運搬具
減価償却累計額　△
工具器具・備品
減価償却累計額　△
土　地
リース資産
減価償却累計額　△
建設仮勘定
その他
減価償却累計額　△
有形固定資産合計

(2)　無形固定資産
特許権
借地権
のれん

勘定式の貸借対照表の右側には、**どうやってお金を「調達」してきたか**が記載されていますが、その調達方法は大きく２つに分かれています。上にあるのは「**負債**」で、下にあるのが「**純資産**」（自己資本）です。「負債」は他人から集めたお金で、これから返さなければならないお金です。一方、「純資産」（自己資本）は自分で集めたお金なので、返す必要がないお金ということができます。

そして、勘定式の貸借対照表の左側には、**調達してきたお金をどのように「運用」しているのか**が記載されています。たとえば、建設業では工事のために材料を仕入れる必要があるので「原材料」という形で運用したり、投資のために株式を購入して文字どおり運用したりと、運用というと大げさに聞こえますが、会社として利益を得るために、集めてきたお金をどういう資産に変えているかということが資産の部に記載されています。

したがって貸借対照表は、どうやってお金を調達し、どのようにそのお金を運用しているのかをまとめたものということができます。

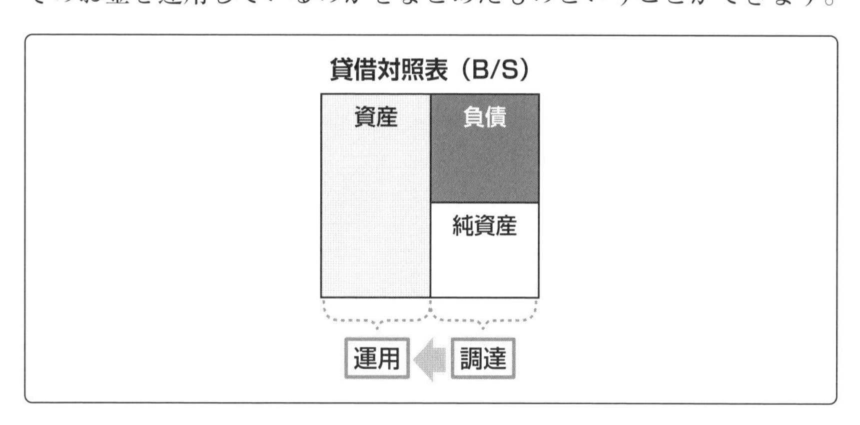

損益計算書のしくみ

次に、「**損益計算書**」は、会社の経営成績を示す書類です。お金を調達してそのお金を運用したら、どれだけの収益があり、そのためにはいくらの費用を要し、結果として利益がいくら残ったのかを表わしています。損益計算書の中身については、3章で触れたのでここでは省略します。

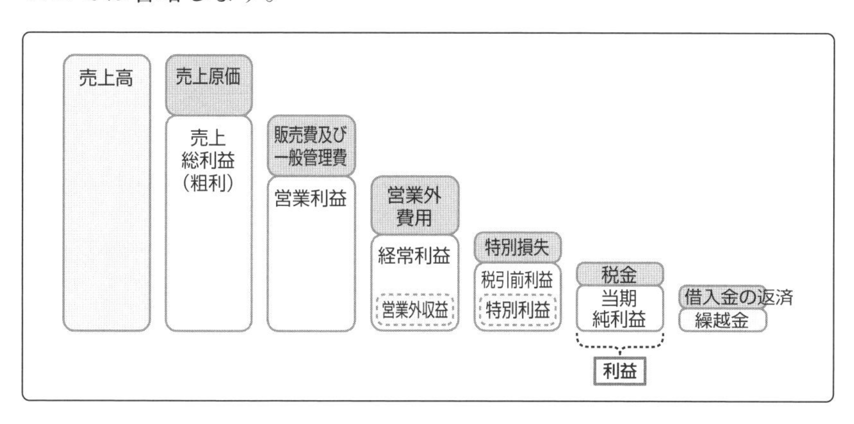

前ページ下図は、３章でたびたび登場した損益計算書のブロック図と基本的には同じですが、一番うしろ（一番右）に「借入金の返済」と「繰越金」という項目を追加しています。これらは、損益計算書には出てこない科目ですが、会社の資金繰りを考えるうえではきわめて重要なポイントです。

というのも、金融機関等から借入れを行なっていると当然ながら毎月、返済が発生します。しかし、その借入金の返済についての「支払利息」は、費用として損益計算書に登場するにもかかわらず、肝心の借入金の返済元金については費用ではないため、損益計算書に登場しないのです。

損益計算書だけ見ると利益が出ていて順調と思われる会社でも、損益計算書には出てこない返済まで考慮すると、実は手許の資金がマイナスということも十分にあり得ます。本来であれば、このような資金の流れを把握するためには、貸借対照表と損益計算書とともに「キャッシュフロー計算書」を作成するとよいのですが、中小建設業者では、まだまだ作成しているところは少ないです。この点は税理士に相談してみるとよいでしょう。

１点補足ですが、前ページ下図では「当期純利益－借入金返済額＝繰越金」として簡易的に計算しています。本当は、この他にも減価償却費の繰戻し（費用として損益計算書に記載するけれども、実際にはお金が出ていっていないため、その分を利益としてとらえる）などを考慮する必要がありますが、ここではわかりやすさを重視するということで省略しています。

繰り返しになりますが、ざっくりとでもよいのでタイムリーに自社の経営数字を把握することを優先してください。

株主資本等変動計算書のしくみ

さて、貸借対照表と損益計算書の２つを結びつけているのが、「**株主資本等変動計算書**」です。これは、期首（前期末）の純資産が、当期の事業活動を経てどのように増減したか、また株主への配当金支払い等の社外への資金流出の有無を計算し、最終的に当期末の純資産の残高がいくらになったのかを表わすものです。当期期首残高（前期の貸借対照表）から損益計算書を経て当期首残高（当期の貸借対照表）につながっています。

様式第十七号（第四条、第十条、第十九条の四関係）

株　主　資　本　等　変　動　計　算　書

自　令和　年　月　日
至　令和　年　月　日

（会社名）

千円

	株主資本											評価・換算差額等					
			資本剰余金			利益剰余金											
							その他利益剰余金										
	資本金	新株式申込証拠金	資本準備金	その他資本剰余金	資本剰余金合計	利益準備金	積立金	繰越利益剰余金	利益剰余金合計	自己株式	株主資本合計	その他有価証券評価差額金	繰延ヘッジ損益	土地再評価差額金	評価・換算差額等合計	新株予約権	純資産合計
当期首残高										△							
当期変動額																	
新株の発行																	
剰余金の配当								△	△		△						△
当期純利益																	
自己株式の処分																	
株主資本以外の項目の当期変動額（純額）																	
当期変動額合計																	
当期末残高										△							

最近は見なくなりましたが、昔の「利益処分案」の名残で役員賞与をこちらに計上している場合には、損益計算書の役員報酬として計上し直す必要がありますので注意が必要です。

注記表のしくみ

最後に紹介するのは、「**注記表**」です。決算書では「個別注記表」と記載されていることもありますが、中身は同じです。中小企業の決算書においては、注記表がきちんと記載されていることはあまり多くありません。

「中小企業の会計に関する基本指針による」と一言ですませているものや、２つか３つの項目だけしか記載されていないものがほとんどで、時には決算書に添付されていないこともあります。

「なぜ税理士は注記表をきちんとつくらないのだろう？」と疑問

に思ったのですが、その答えは、会社法では作成義務があるが税法上は作成義務はないし、税務署への提出義務もないからでした。しかし、建設業財務諸表では最低限記載すべき項目が決まっています。そこで、経審や経営状況分析に直接的には影響しませんが、建設業財務諸表における注記表の記載について簡単に解説しておきます。

注記表を記載するうえでまず確認してほしいのは、自社が**株式譲渡制限会社であるか否か**です。株式譲渡制限会社とは、株主が株式を他人に譲るときに会社の許可を得る必要がある会社のことで、中小企業では多くの会社がこのしくみになっていると思います。

株式譲渡制限会社かどうかは、定款でも確認することができますが、一番よいのは会社の登記簿謄本（履歴事項全部証明書）で確認する方法です。登記簿謄本に「株式の譲渡制限に関する規定」という項目があれば株式譲渡制限会社であり、その項目がなければ株式譲渡制限会社ではない（公開会社）ということになります。なぜこれを最初に確認するかというと、株式譲渡制限会社か否かで注記表に記載する項目が変わるためです。

なお、注記表の記載事項については、実は建設業法や建設業法施行規則ではなく、会社計算規則第98条から第106条を根拠としており、以下の表で「○」は記載を要する、「×」は記載を要しないことになっています。

	譲渡制限会社	公開会社
①継続企業の前提に重要な疑義を生じさせるような事象または状況	×	×
②重要な会計方針	○	○
③会計方針の変更	○	○
④表示方法の変更	○	○
④－２　会計上の見積り	×	×
⑤会計上の見積もりの変更	×	×
⑥誤謬の訂正	○	○
⑦貸借対照表関係	×	○

⑧損益計算書関係	×	○
⑨株主資本等変動計算書関係	○	○
⑩税効果会計	×	○
⑪リースにより使用する固定資産	×	○
⑫金融商品関係	×	○
⑬賃貸等不動産関係	×	○
⑭関連当事者との取引	×	○
⑮１株当たり情報	×	○
⑯重要な後発事象	×	○
⑰連結配当規制適用の有無	×	×
⑰－２　収益認識関係	×	×
⑱その他	○	○

株式譲渡制限会社であれば、記載するのは18ある記載項目のうち６項目だけでよいので、だいぶ手間を軽減できます。本書では、中小建設業者に多い上表の「②重要な会計方針」について詳しく解説しておきましょう。

資産の評価基準および評価方法

①有価証券の評価基準および評価方法

決算日時点で有価証券を保有していて、税務署に「有価証券の一単位当たりの帳簿価額の算出方法の届出」をしていない場合には、次のように記載します。なお、有価証券を保有していない場合には「該当なし」でかまいません。

❶時価のあるもの…期末日の市場価格等にもとづく時価法（評価差額はすべて純資産直入法によって処理し、売却原価は移動平均法により算定します）

❷時価のないもの…移動平均法による原価法

②棚卸資産の評価基準および評価方法

決算日時点で棚卸資産（商品、製品、原材料、貯蔵品、未成工事支出金等）があり、税務署に「棚卸資産の評価方法の届出」をしていない場合には、次のように記載します。

> 最終仕入原価法

これは、原則的な評価方法が最終仕入原価法とされており、これ以外の方法を採用する場合には税務署への届出が必要だからです。ちなみに、その他の評価方法としては、移動平均法、総平均法、先入先出法などがあります。

建設業者ならではの棚卸資産として「未成工事支出金」がありますが、最終仕入原価法ではなく個別法（仕入れや外注への発注時の価格で評価する方法）が採用されていることも多いです。この点は税理士に確認してみてください。

固定資産の減価償却の方法

決算日時点で固定資産を保有していて、税務署に「減価償却資産の償却方法の届出」をしていない場合には、次のように記載します。なお、建設業者ではあまり見られませんが、固定資産を保有していない場合には「該当なし」でかまいません。

> ❶**有形固定資産**…定率法を採用しています。ただし、平成10年４月１日以降に取得した建物（建物附属設備を除く）ならびに平成28年４月１日以降に取得した建物附属設備および構築物については定額法を採用しています。
>
> ❷**無形固定資産**…定額法を採用しています。

引当金の計上基準

決算日時点で何らかの引当金がある場合には、その基準を記載します。貸倒引当金、賞与引当金、退職給付引当金などは、中小建設業者においてもよく見かけます。貸倒引当金は、法人税法の法定繰入率（建設業の場合1,000分の６）、その他の引当金は、会計基準や中小企業の会計に関する基本指針に則って計上されることが一般的です。なお、引当金がない場合には「該当なし」でかまいません。

❶貸倒引当金…債権の貸倒れによる損失に備えるため、一般債権について法人税法の規定による法定繰入率により計上するほか、個々の債権の回収可能性を勘案して計上しています。
❷賞与引当金…従業員の賞与支給に備えるため、支給見込額の当期負担分を計上しています。
❸退職給付引当金…従業員の退職給付に備えるため、退職金規程にもとづく期末要支給額を計上しています。

収益および費用の計上基準

損益計算書に記載する収益と費用はどういった基準でそれぞれ計上されているかを問われており、一般的には次のように記載します。

収益：実現主義
費用：発生主義

または

収益：工事完成基準
費用：発生主義

工事完成基準とは別に「新収益認識基準（工事進行基準）」もありますが、これを採用するためには工事収益総額、工事原価総額、決算日における工事進捗度の３点を厳格に見積もることが求められるため、中小建設業者ではあまり使われていません。もし、一部の工事で「新収益認識基準（工事進行基準）」を採用している場合には、その旨も併せて記載します。

消費税および地方消費税に相当する額の会計処理の方法

自社の決算書が、消費税込みでつくられているのか消費税抜きでつくられているのかを明記する項目です。消費税についての記載項目なので、すべての会社が必ず記載することになります。

消費税抜　または　消費税込　または　免税のため消費税込

なお、余談ですが、147ページで紹介した「中小企業の会計に関する基本指針による」と記載されている決算書は、指針のなかで「原則として消費税抜とする」旨が決められています。

その他貸借対照表等の作成の基本となる重要な事項

「その他貸借対照表、損益計算書、株主資本等変動計算書、注記表作成のための基本となる重要な事項」については、決算書に特に記載がある場合にのみ記載すればよく、決算書に何も書いていない場合には「該当なし」とか「特にありません」と記載すればよいでしょう。ちなみに、よく見かけるのは次の「リース取引の処理方法」です。

リース取引の処理方法

リース物件の所有権が借主に移転するもの以外のファイナンス・リース取引については、通常の賃貸借取引に係る方法に準じた会計処理によっています。

注記表のうち質問の多い148ページ表の「②重要な会計方針」について１つずつ見てきました。注記表の記載は、同表の「⑧損益計算書関係」のうち「研究開発費の総額」以外は経審や経営状況分析の点数につながるものではありませんが、金融機関や届出書類を閲覧した消費者・調査会社が見たときに、「きちんとした会社だな」という印象をもってもらえるように社長自ら把握して記載することが大切です。

次項では、貸借対照表と損益計算書についてさらに深掘りして見ていきましょう。

4-2 自社の決算書を図で見える化しよう

自社の貸借対照表は５段階のどのステージ？

３章で経営状況分析の８指標について解説しましたが、財務健全性を示す指標として「自己資本対固定資産比率」と「自己資本比率」がありました。この２つの指標は、他の指標と比べて大きな特徴があります。それは、**貸借対照表に出てくる勘定科目のみで計算する指標**ということです。

損益計算書については、「収益は上に、費用は下に！」の原則や、建設業法のルールや会計基準を用いて“翻訳”することで、決算日を迎えた後でも大きく数字が動くことがあるのはすでに説明したとおりです。しかし、貸借対照表は決算日時点での資産・負債・純資産の状況を表わしているものなので、決算日を迎えた後に数字を大きく動かすということは基本的にできません。

たとえば、損益計算書であれば「販売費及び一般管理費」に入っていた役員退職金を「特別損失」へ振り替えることで営業利益や経常利益が劇的に改善する話をしましたが、貸借対照表に目を向けると、決算日を迎えた後に借入金を返済しても手遅れですし、「返したことにしておこう」などということはできません。

したがって、貸借対照表については、決算日前（期中）から対策を講じていく必要がありますし、もっといえば目標とする貸借対照表を１年かけてつくり上げていくイメージで日ごろから活動していくことが大切です。

目標を掲げてそこをめざしていくにしても、まずはいま現在、貸借対照表がどうなっているのかを把握する必要があります。目標（理想の状態）に応じて現在のギャップを埋めていくにしても、現在地がどこなのかがわからないと先に進めません。そこで、貸借対照表を図で表わして考えていきましょう。

貸借対照表は、以下にあげていくように、①から⑤の５つのステージに分けられます。自社の貸借対照表がどうなっていて、いまどのステージにいるのかをパッと答えられますか？　そこで、貸借対照表の５つのステージについて、順を追って説明していきます。難しい話、細かい数字の話はしませんので、図を見てざっくりと理解して、自社の現状を確認してみてください。

①債務超過

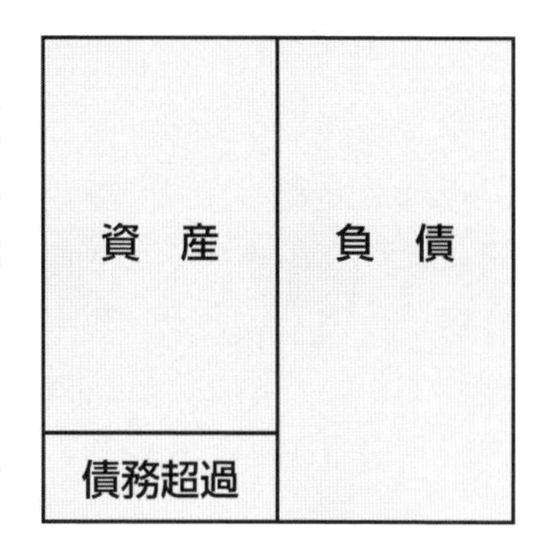

これは読んで字のごとくですが、負債（債務）が膨らんでしまい、総資産を超えてしまっている状態です。すべての資産を現金化しても、負債をすべて返しきれない状態ということもできます。大きな不渡りをくらったとか、単純に過去の赤字の積み重ねとか、理由はさまざまだと思います。

この状態にある中小建設業者は、社長が会社にお金を貸して（会社にとっては役員借入金で）何とかしのいでいることが多いです。社長は「自分の会社だからしかたがない」と仰るかもしれませんが、債務超過であることに変わりはありません。

損益計算書をもとに利益と支出を早急に見直して、出血（支出）を止めて、利益体質の会社に改善していくことが急務です。

②トントン

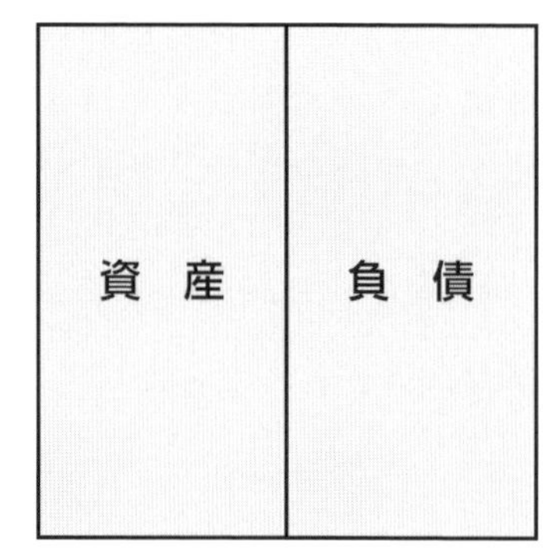

資産と負債がトントンになっている状態です。ただし、現実的にはまったくのトントンということはまずないと思います。会社の規模によっても変わ

ってきますが、感覚的には100万円前後の差異まではトントンといってよいでしょう。

①債務超過よりはいいですが、元請業者からいつもどおりの入金がなくてつなぎ融資を受けたとか、工事でミスをして賠償金を払ったとか、ちょっとしたことがきっかけですぐに債務超過に陥ってしまうので、予断を許さない状況です。

したがって、①債務超過の場合と同様に、早急に利益と費用の見直しが必要です。

③固定資産過大

流動資産
流動負債
固定負債
固定資産
純資産

一見すると、きちんと自己資本（純資産）も蓄積できているので問題がないように思えます。しかし、この後に説明する④や⑤と比べると、安定性にやや難があります。

⑤と比べると固定資産を自己資本（純資産）でまかなえていないという点では④と同じなのですが、④と比べると固定資産を固定負債でまかないきれず、流動負債に食い込んでしまっています。固定資産は長期的な資産運用（長期的に売上と利益を生み出すもの）であるにもかかわらず、その一部を短期で先に返さなければならないお金（流動負債）に頼ってしまっている状態なので、④よりも資金繰り的に厳しい状況にあるといえます。

④まずまず

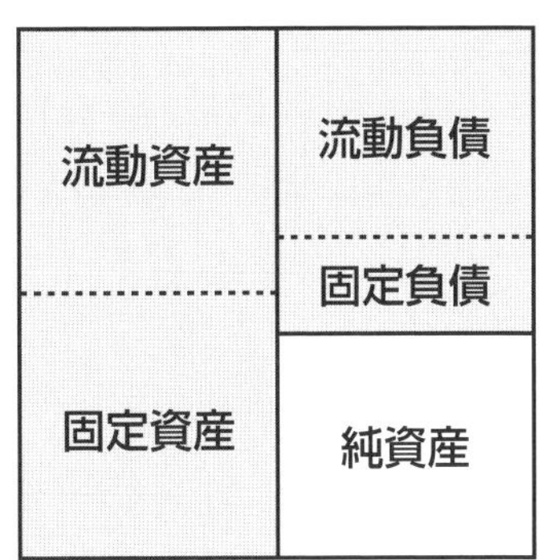

前述したように固定資産を自己資本（純資産）でまかなえているのが理想ですが、右図では一部を返さなければならないお金（固定負債）でまかなっ

ています。返済がある分、⑤優等生に比べて経営的には少し減点といった感じです。

設備投資や不動産購入のために長期借入れをするのは一般的によくあることなので、この状態がダメということではなく、どういう理由で⑤ではなく④にあるのかをきちんと把握しておくことが大切です。

⑤優等生

一見すると、④まずまずと変わらないように見えますが、違いがわかりますか？　固定資産と自己資本（純資産）のバランスに注目してみてください。固定資産を自己資本（純資産）でまかなえている理想的な状態です。すでにこの状態にある場合は、これを継続できるように心がけましょう。

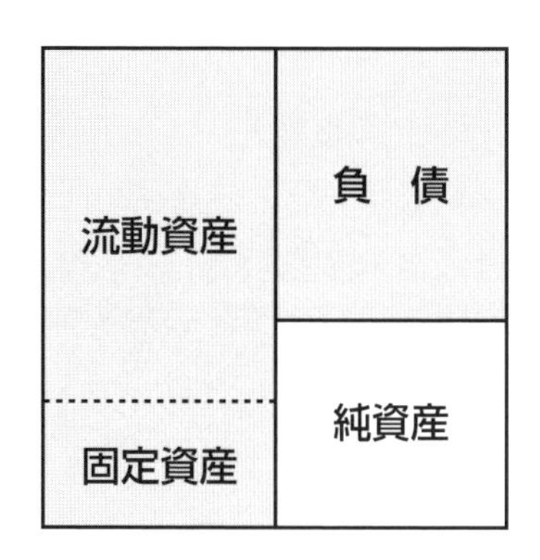

貸借対照表を５つの段階に分けて簡単に説明してきました。まずは、自社の貸借対照表をブロック図にしてみてください。自社がどのステージにあるのか、現状が把握できるはずです。

そこから、①よりは②、②よりは③、③よりは…と、負債が多いのはなぜか？　固定資産は適正か？　などと細分化の思考を使って課題を明確にし、改善を進めていきます。可能であれば、⑤優等生までめざしましょう。

ただし、業種によっては⑤優等生までもっていくのは難しいこともあります。たとえば、重量物運搬設置工事をしている会社はクレーン車を抱えていないと仕事にならないので、どうしても固定資産が膨らんでしまいます。

一般的には⑤が優等生ではありますが、自社にとっての理想がどのステージなのかは社長自身で見極める必要があります。

会社の業績の話になると、どうしても売上や利益といった損益計算書にばかり目がいきがちですが、**本当に大切なのは貸借対照表**です。貸借対照表は、決算書でも建設業財務諸表でも必ず最初にあります。それだけ大事だからです。

貸借対照表は過去の積み重ねなので、改善するにも一朝一夕にはいきません。まずは自社の貸借対照表の図を描いて現状を把握するところから始めましょう！

黒字に不思議の黒字あり、赤字に不思議の赤字なし

損益計算書もブロック図にしていきましょう。損益計算書のブロック図については、３章で何度か登場していますが、基本の形は次のようになります。

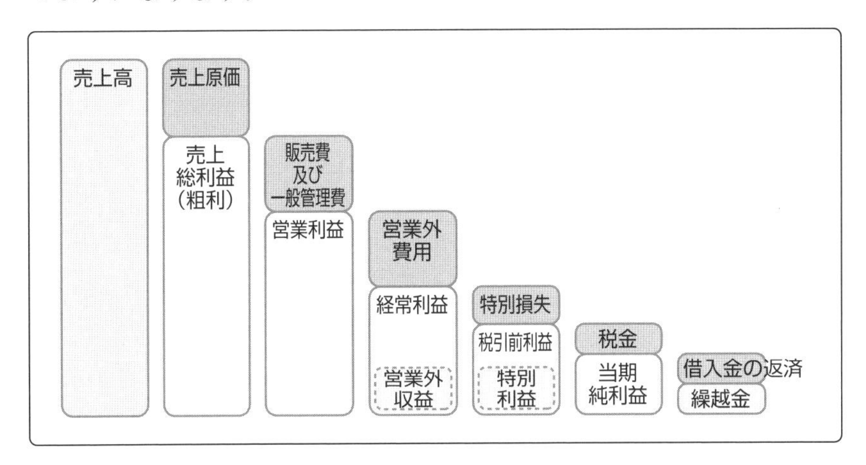

損益計算書については「収益は上に、費用は下に！」の原則を説明しましたが、貸借対照表と同様にその状態をステージごとに図示してみると、以下の４つの段階に分けることができます。

①経常利益の時点ですでにマイナスまたはゼロの状態

売上と営業外収益の収益よりも、売上原価・販管費・営業外費用の費用が上回っていて、経常利益が出ていない状態です。経常利益が出ていないということは、事業活動そのものが赤字ということな

ので、このまま続けていても手許からお金がなくなる一方です。傷口からどんどん出血している状態なので、まずは傷がどこにあるのかを把握する必要があります。

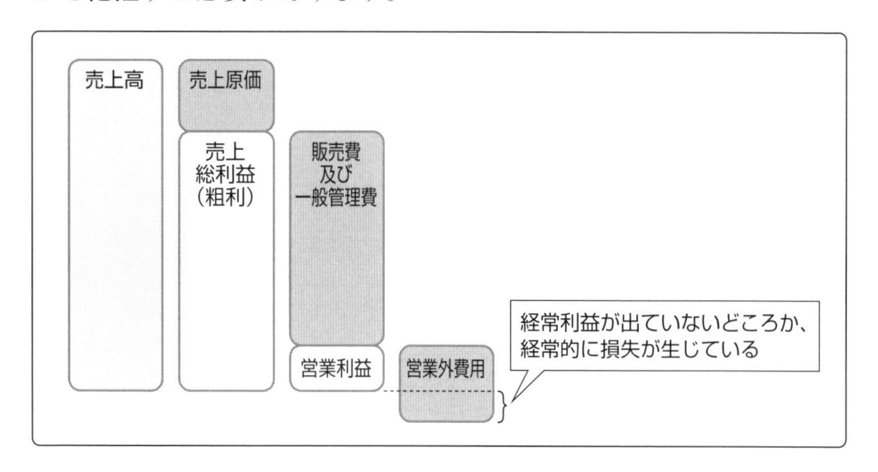

出血（赤字）の理由は大きく３つ考えられると思います。貴社がこのケースに当てはまる場合には、❶売上がそもそも少ない、❷材料費や外注費が高くて売上原価が大きすぎる、❸販管費がだいぶかさんでいる、のうちいずれかでしょう。

②パッと見では利益が出ているように見える状態

この状態は、損益計算書だけを見ていると気づくことができないので、気をつけなければなりません。

損益計算書では利益が出て税金も払えていますが（次ページ上図）、その利益よりも借入金の返済のほうが大きくなっているため、お金の出のほうが大きくなっています。この状態が続くと、黒字が続いているのに、手許に資金がなくなってしまう状態、いわゆる「黒字倒産」に陥ってしまいます。

この状態の場合、基本的には事業自体は利益が出ているので、①よりもタチが悪い状態かもしれません。役員退職金や災害損失等で特別損失が一時的に大きくなったのが原因で当期純利益がマイナスになり、借入金の返済に足りないという場合はまだしも、傷口らし

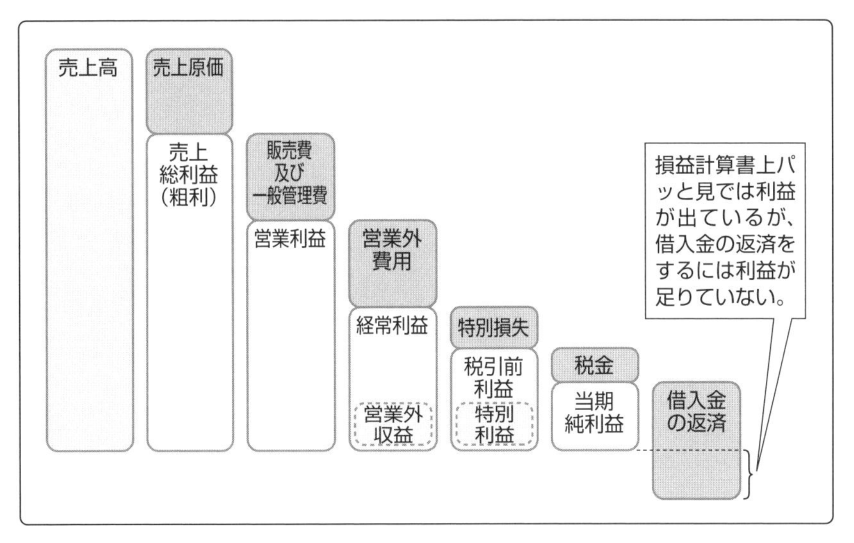

い傷口が見当たらないので、収益の構造や利益率を考慮して取引先を絞る等、営業戦略を抜本的に見直す必要があります。

③借入金を返済しても手許にお金が残る状態

事業活動の結果、当期純利益もきちんと出せて、借入金の返済をしても手許に資金が残る状態です。上記①と②に当てはまった会社は、まずはこの③の状態をめざしましょう。

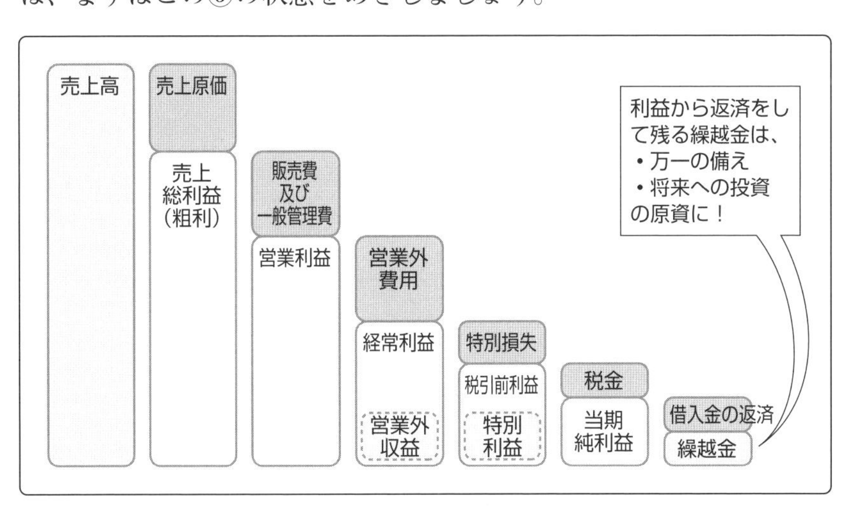

繰越金が出るようになると、社長の社用車をちょっとよい車に買い替えたくなったり、社員に還元してあげたくなったりすると思いますが、そのときは要注意です。手許にお金が残るこの状態になったら、まず考えてほしいことが2つあります。それは、**「万一のときへの備え」と「将来への投資」**です。

令和2年には、誰にも予測できなかったパンデミックともいうべき新型コロナウイルス感染症の流行がありました。令和5年になり落ち着いてきましたが、経済への打撃はとても大きいものでした。

これは特異な例かもしれませんが、日本で仕事をする以上は地震や台風をはじめとした自然災害のリスクに常にさらされています。また、取引先の倒産や損害賠償などの人的リスクもゼロというわけにはいきません。こういった「万一のリスクに備える」ために、内部留保をしっかりと貯めておくことは、経営者としてとても大事な経営判断です。

「将来への投資」も経営者として重要な意味を持ちます。「従業員が家族に自慢できるような立派な自社ビルを建てたい」「老朽化が顕著なので3年後には新しい機械に買い替えたい」といった将来に向けた投資はとても大切です。この点は、従業員には理解してもらいにくいかもしれません。「そんなことより給料を上げてください」といわれないように、常日頃から会社の経営数字についてある程度、社員と共有しておくことをオススメします。

なお、借入金の返済でいっぱいいっぱいのときは、万一のときへの備えも将来への投資も、取り組めないのが現実です。手許にお金を残せるようになったら、まずはこの2つに取り組みましょう。

④返済がない会社＝無借金経営

これは、③の会社が晴れて借金を返済しきった状態です。当期純利益はすべてそのまま繰越金にできるので、万一の備えや将来への投資が加速します。さらには、もちろんこの状態になる前から取り組んでもよいのですが、従業員への分配（決算賞与や基本給アップ

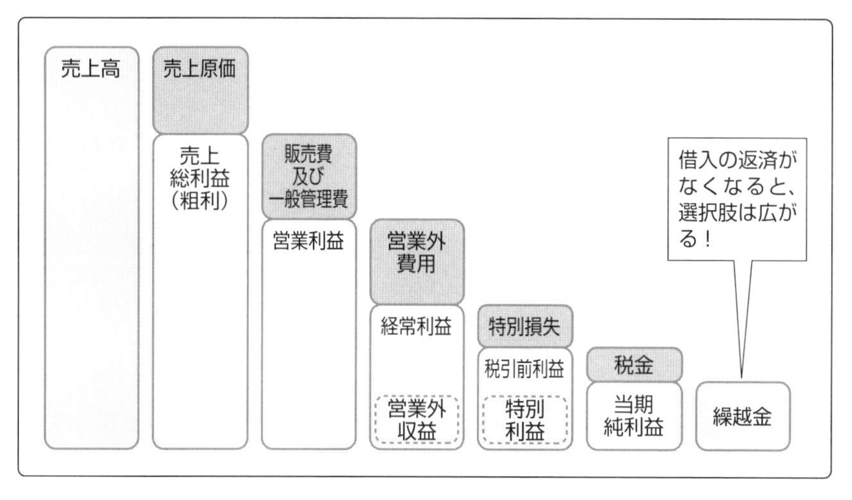

など）もしやすくなります。

無借金経営になると支払利息が０円になるため、経営状況分析（Y点）のうち純支払利息比率の点数が大きく改善します。ですから、経審の点数を考えると、無借金経営がベストです。

しかし、公共工事を受注したときの資金繰りを考えると、現実的には難しいと思います。また、金融機関との付き合いも考慮する必要があります。よくいわれることですが、金融機関から借入れをして毎月遅滞なくきちんと返済していると、それが対金融機関の実績になります。返済実績があると新たな融資の決裁が早かったり融資枠が広がったりするので、借入れも上手に活用しましょう。

自社の損益計算書は、①から④のどの状態にありますか？　プロ野球で選手としても監督としても活躍された故野村克也さんには、「勝ちに不思議の勝ちあり、負けに不思議の負けなし」という名言がありますが、会社の経営においては「黒字に不思議の黒字あり、赤字に不思議の赤字なし」です。

赤字の場合は必ず原因があります。自社の損益計算書をブロック図で描いてみて、原因を細分化して考えるクセをつけてください。

中小建設業者でもできる財務改善策とは

貸借対照表と損益計算書のブロック図を説明してきましたが、たとえば貴社の状況が損益計算書の①の状態（158ページの図を参照）だったとして、改善策を検討する具体的なアプローチについて考えてみましょう。結論からいってしまうと、大事なのは、**「ブロック図×細分化」の思考**です。

158ページでも触れましたが、出血（赤字）の理由は大きく、❶売上がそもそも少ない、❷売上原価が大きすぎる、❸販管費がだいぶかさんでいる、の３つが考えられましたね。

売上が足りていないのであれば、売上を増やす努力をしなければなりません。売上を増やしたいときに、「営業部門がもっとがんばれ！」といってしまいがちですが、はたしてがんばるのは営業部門だけでしょうか？

２章で細分化の思考を説明したときに例としてあげましたが、売上を増やすための方法は１つではありません。売上は、購入してくれるお客様の数と、そのお客様１人当たりの客単価と、購入してくれたお客様がリピートしてくれる回数（購入頻度）によって構成されています。

売上 ＝ 客数 × 客単価 × リピート

たしかに、売上を増やすためには、新たなお客様を獲得する営業部門の影響はとても大きいです。上の式では「**客数**」にスポットを当てて売上を増やすことにつながります。新しい地域への新規開拓、新しい顧客層へのアプローチ、新しい媒体やWeb、ＳＮＳでのチャレンジ等、営業部門だけを考えてもやれることはまだまだあるはずです。

次に、「**客単価**」ですが、これは営業部門の役割ではなく、お客様にニーズをとらえたより高単価の商品を用意したり、通常の商品にプラスして購入してもらえる商品を用意したりといった、商品開発部門の役割が重要になります。

たとえば、新築戸建住宅であれば屋根に太陽光パネルを設置するオプションを用意したり、オール電化住宅などもあります。他にも、中古住宅のリノベーションを手がけているのであれば、施工前・施工中・施工後で作業内容を見える化してお客様に安心を得ていただくとか、給排水設備業であれば、トイレの型によってはマンションの高層階だと詰まりやすいから高機能モデルのほうがよいと提案するとか、土木系であれば警備業の許認可を取得して警備の仕事も請け負えるようにするとか、可能性は無限にあります。

気をつけたいのは、自社が売りたいものを考えるのではなく、お客様の困りごとや不便・不都合・不快などの“不”を解消する商品やサービスの開発を考えることが重要だということです。

最後に「**リピート**」についてです。リピートを生み出すのは営業の仕事と思われるかもしれませんが、実はそれだけではありません。自然と発生するリピートももちろんありますが、リピートにつなげるために工夫するのは管理部門の仕事です。

たとえば、新築で戸建てを建てたお客様に対して外壁メンテナンスの提案時期を逃さないように築年数をきちんと管理する、介護系の助成金が出る設備をお客様の年齢に合わせて提案できるように顧客台帳を整備する、下請工事であっても施工したあと半年や1年で不具合が出ていないかを確認して何かあれば元請業者に報告するよう点検制度を設ける、といったことを営業部門や工事部門任せにせず、しくみ化して管理するのはまさに管理部門の腕の見せ所です。

利益を増やすにはどうするか？

ここまでは「売上を増やす」ことにフォーカスして説明してきましたが、売上が増えても工事原価や販管費がかさんでいると利益は出ません。そこで、「利益を増やす」ことにスポットを当てて細分化してみましょう。

経常利益が確保できずに赤字になっている場合には、売上を増やすのも有効ですが、売上原価や販管費を減らすのも一つの手です。売上原価（工事原価）については、長年やっていると同じところから材料を仕入れたり、協力業者も固定化したりして、価格交渉もなぁなぁになってしまっていませんか？

材料業者も協力業者も、ときには新しい風を入れてリフレッシュすることも必要です。適正な競争は、価格面のメリットだけではなく創意工夫も生み出します。工事部門には、１つひとつの現場の利益の積み重ねが最終的な会社の利益につながっていることを改めて理解してもらうことも大切です。

売上原価だけでなく、間接的な費用である販管費についても、出血（費用）を抑える工夫は多数考えられます。特に、総務部門や経理部門には率先して取り組んでもらいたいところです。

ただし、経費削減はとても地味なので、効果を感じにくい面があります。そこで、社長が一緒になって取り組んでほしいと思います。たとえば、販管費を削減するのであれば、まず見直してほしいのが損害保険や生命保険の保険料です。これは総務部門だけでは突っ込んだ話はできないので、社長でなければ務まりません。また、経費削減の話は他部門から嫌がられがちなので、これに取り組む理由・正当性をきちんと社長自ら明示することも必要です。

たとえば、社長が「来期は売上10％アップをめざしてがんばろう！」といっても、社員としては「なぜがんばるのか？」「どうやってがんばるのか？」わからないものです。それがわからないと、「売上をあげるのは営業の仕事でしょ」と他人事になりがちです。

「なぜ？」については会社のビジョンやミッションを明示し、目標達成時にはきちんと還元することを約束します。「どうやって？」については、売上を細分化して「売上＝客数×客単価×リピート」と定義してあげることで、客数アップは営業の仕事、客単価アップは商品開発の仕事、リピートは管理部の仕事というように、各部門が自分のこととしてとらえてもらい、行動につなげてもらいます。

◎利益を増やす方策のいろいろ◎

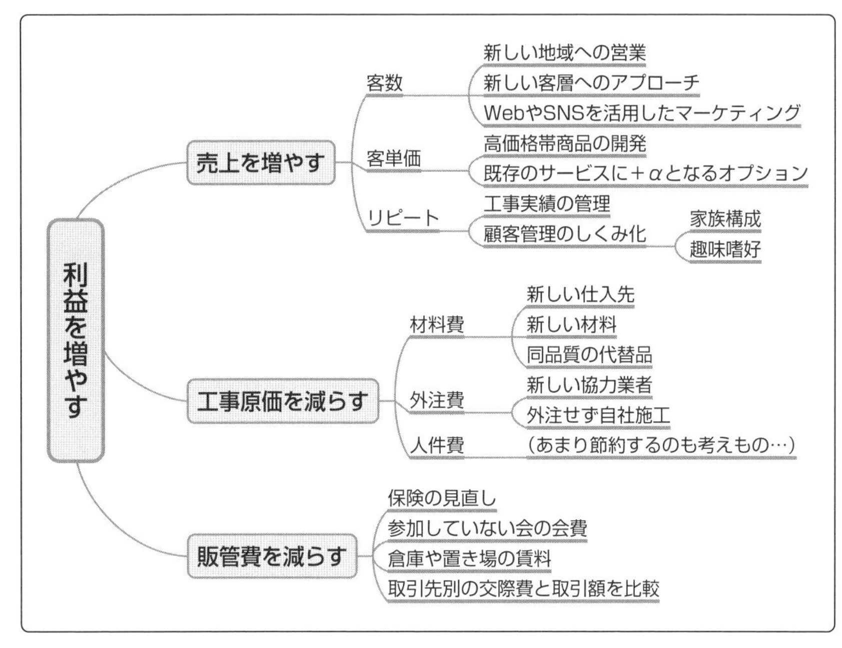

上図にあげた他にも、利益確保のためには経費削減という形で総務や経理といった間接部門も十分に貢献することができます。

「利益を増やす」と一口にいっても、さまざまなアプローチがあります。「利益を増やす＝売上を増やす」と考えると営業部門に目がいきがちですが、商品開発も管理も総務も経理も現場も会社一丸となって取り組むことがなにより大切です。これらの取組みを同時に行なうことができればベストですが、改善するには痛みを伴うことも十分にあり得ます。一気にやればよいというものでもありません。従業員が辞めたり、取引先から取引中止の申し出があるかもしれないので、社長にはその覚悟をお願いしておきます。

このように物事を細分化すると、具体的にどうしたらよいかを自分のこととしてとらえ、行動を促すことができるようになります。経審と入札に対する取組みだけではなく、中小建設業者の社長の困りごとが1つでも解消するきっかけになれば幸いです。

4-3 建設業財務諸表で守るべき5つのルール

貸借対照表の流動と固定の区別に根拠を持たせる①

経審を受けて公共工事を受注し始めると、元請として金額の大きな工事を請け負うことも視野に入ってきます。そうなると、建設業許可も**一般建設業から特定建設業に切り換える**必要が出てきます。

また、すでに特定建設業を取得して金額の大きな公共工事を受注している会社であれば、絶対に特定建設業を維持し続ける必要があります。

そこで、経審を受けている業者はもちろん、経審はまだこれからだけれども特定建設業を取得している社長に、ぜひとも知っておいてほしい貸借対照表作成時のルールを２つ紹介しましょう。

一般建設業では、施主から直接請け負った工事において外注費は4,500万円（建築一式は7,000万円）までに制限されていますが、特定建設業の許可を受けると、外注費の制限がなくなるため、大きな金額（約8,000万円以上が目安といわれています）の公共工事を受注するためには、特定建設業の取得が必要不可欠になってきます。

特定建設業の許可は、大きな工事ができるようになるということで、一般建設業より許可の要件も厳しくなっています。そのなかでも大事なのが「財産要件」で、許可申請時の直前の決算において次の４つの要件をすべて満たす必要があります。

①資 本 金 ≧ 2,000万円
②純 資 産 ≧ 4,000万円
③欠損比率 ≦ 20%
④流動比率 ≧ 75%

それぞれの詳細については、各行政庁の手引き等で確認いただくとして、このなかで気をつけたいのは④の「流動比率」です。流動比率は、次の計算式で計算します。

$$流動比率 = \frac{流動資産}{流動負債} \times 100$$

流動比率は、企業の支払い能力を示す指標の１つとされています。申請時の直前の決算において、この流動比率が75％を下回ると特定建設業の許可が取得できない（更新できない）ことになるのですが、これに泣かされた建設業者を何度も見てきました。

しかし、実はそのなかには救えるケースもあったのです。それは、「流動資産か固定資産か」「流動負債か固定負債か」をどのように分けるかがカギを握っています。

そこで、流動か固定かを区別するためのルールを２つ紹介しておきましょう。これを知っておくことで、特定建設業許可の維持に役立ちますし、経営状況分析（Ｙ点）においても自己資本対固定資産比率の部分で加点につなげることができます。

まず紹介するのは、「**ワンイヤールール**」（１年基準）と呼ばれるルールです。これはご存知の方も多いかもしれませんが、返済や支払い、回収見込みの時期が１年以内にやってくるか否かで判断し、１年以内のものを「流動」、１年を超える長期のものは「固定」と区別します。

わかりやすい例では、借入金の場合、次年度中に返済が終わるものは「短期借入金」（流動負債）、設備投資のための借入れなどで返済に数年かかるものは「長期借入金」（固定負債）に区別します。

このルールが徹底されていればよいのですが、決算書での区別は意外とアバウトです。その最たるものが「**役員借入金**」です。建設業者に限らず、中小企業では社長やその親族が会社にお金を貸している（会社から見れば借りている）ことや、社長の給料を未払いのままにしていることがけっこう多いのです。

◎役員借入金は流動負債？ 固定負債？◎

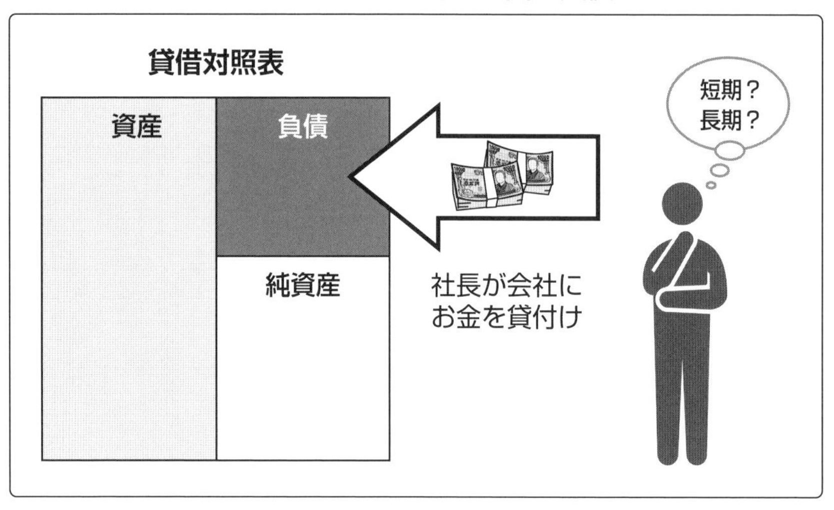

そこで、社長には手元に決算書を用意して確認してほしいのですが、役員借入金が短期借入金（流動負債）に入っていませんか？あるいは、ずっと未払いになっている社長の役員報酬が流動負債の未払金や未払費用になっていませんか？

すでに長期化してしまっているこれらの負債を流動負債として計上し続けるのは、ワンイヤールールからするとおかしいのです。しかし、税理士の作成する決算書においては、残念ながらこの基準が反映されていないことが多いのです。

「いつでも返せるから短期でよい」「使用しているソフトの仕様上、役員借入金という科目は短期にしかないから」といった意見も見受けられ、会計基準が考慮されていないことがままあります。究極的には、借入金が長期であろうが短期であろうが、「税金は変わらない」ので、税理士的にはどちらでもよいというのが正直なところだと思います。

税理士の仕事を否定するわけではありませんが、決算書を見せることになるステークホルダーが複数いるなかで、金融機関や株主、取引先と同様に“行政”の優先度を上げてもらえると、社長、税理士、行政書士がより効果的に機能するはずです。

貸借対照表の流動と固定の区別に根拠を持たせる②

ワンイヤールールは、1年以内に期限が到来するか否かで判断するという明確な基準なので、すべてこれで区分できれば楽なのですが、実はこれよりも優先する大原則があります。それが「**正常営業循環基準**」です。

漢字が8文字並ぶとなんとなく難しそうですが、実はその内容は文字で見たままで、正常な営業のサイクル（循環）で発生する資産と負債については、どれだけ長期化していたとしても流動資産・流動負債として考えます、というルール（基準）なのです。

建設業における正常な営業のサイクルは、一般的には下図のようになります。現金預金を持って営業を開始して、工事を受注します。元請か下請か、金額の大小、工期の長さ等にもよりますが、前金（着手金）をもらうこともあります。もともとの現預金あるいは受け取った前金を元手にして材料を仕入れます。

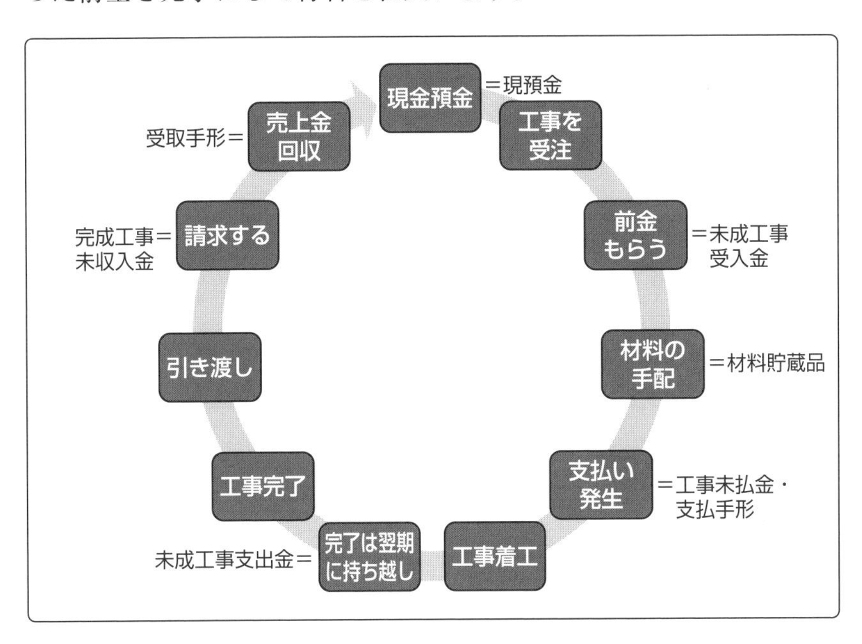

材料を仕入れれば、当然に支払いが発生します。その場で払うこともあるでしょうし、掛けで購入することもあるでしょう。準備が整ったら、工事を着工します。決算までに工事が終わって請求までできれば売上になり、そこまでに要した費用は工事原価として計上します。逆に、決算までに工事が終わらず、工事の完了が翌期に持ち越しとなることもあります。その場合は、そこまでに要した費用は未成工事支出金となります。

さて、工事が完了したら物件を引き渡して残金を請求し、最後はそれをきちんと回収します。きちんと売上代金を回収することまでが仕事です。

ただし、会社によっては多少異なるかもしれません。下請だと前金をもらわないことも多いでしょうし、材料は元請業者から支給ということもあるでしょう。貴社の実態に合わせて理解いただければと思いますが、一般的には前ページ図のようなサイクル（循環）で回っています。

したがって、このサイクル（循環）に乗っかってくる資産や負債は、正常営業循環基準という大原則に則って、必ず流動資産・流動負債に計上します。

たとえば、工事をしていて地中から文化財や不発弾が発掘されたり、不幸にも現場で死亡事故があったり、近隣とトラブルになってしまったりして、工事が一時中断することがあります。中断が短い期間であれば問題ないのですが、時には半年、１年と長期化することもあります。この長期化している間に決算を迎えた場合、それまでに受け取ったお金（未成工事受入金）やそれまでに支払ったお金（未成工事支出金）は長期化してしまうわけですが、これらは通常どおり営業していれば当然に発生するものなので正常営業循環基準が適用され、工事がどれだけ長期化したとしても流動資産として計上し続けることになります。

また、たとえば、工事が完了してお客様（元請業者）に代金を請求したけどいつまで経っても支払ってくれない、ということもあると思います。1年経っても払ってもらえず意を決して取り立てると、一部だけ支払って、「必ずちゃんと払うからもう少し待ってほしい」などといわれることがありませんか？　つまり、「売上金回収」がなかなかできずにいる状態です。

この場合に、これも長期化しているからワンイヤールールにもとづき固定資産になるかというと、やはりそうはなりません。工事の売掛金は「完成工事未収入金」と呼びますが、これは通常どおり営業していれば当然に発生するものなので、どれだけ長い期間、回収できなくても完成工事未収入金として**流動資産に計上し続け**ます。

ちなみに、相手方が倒産したり、民事再生になったりすると、初めて破産債権・更生債権として固定資産（投資その他の資産）に振り替えることになります。

経審を受けている中小建設業者の建設業財務諸表を拝見すると、「あぁ、これは決算書を転記しただけだなぁ」とか「原則の基準が理解されていないなぁ」というものを目にします。建設業者自身であればしかたがない部分もあると思いますが、行政書士が理解していないケースも多く、とても残念でなりません。私見ではありますが、ワンイヤールールは知られていても、正常営業循環基準は意外と知られていないという印象です。

しかし、これらの基準をきちんと理解して、「流動」と「固定」を自社に有利になるように組み合わせていくことで、特定建設業許可を維持するうえで役立てたり、経審で有利になるように決算を組むことができるといったメリットを享受することができます。これを機に、自社の決算書を振り返ってみてください。

当期分の税金は当期の建設業財務諸表に必ず載せる

1 未払法人税が計上されていないときの処理

本来であれば、税理士の作成する決算書の段階で、未払法人税は計上処理されているのが望ましいのですが、税理士にも税理士の考えがあると思います。しかし、処理を変えてもらえるようであれば

◎税務決算書で「法人税、住民税及び事業税」が計上されていない場合の修正処理の手順◎

法人税申告書に添付された決算書で、「法人税、住民税及び事業税」が計上されていない場合には、経営状況分析を申請するための財務諸表の作成上、以下の手順に従って、修正処理を行なってください。

別表５（２）租税公課の納付状況等に関する明細書

科目及び事業年度	期首現在未納税額	当期発生税額	当期中の納付税額			期末現在未納税額
			充当金取崩しによる納付	仮払経理による納付	損金経理による納付	
	①	②	③	④	⑤	⑥
都道府県民税	20,000	20,000	0	0	20,000	20,000
市区町村民税	50,000	50,000	0	0	50,000	50,000

【貸借対照表】

	税務決算書			申請用財務諸表	
負債の部					
支払手形	・・・			・・・	
・・・	・・・			・・・	
未払法人税等	0	❶	→	70,000	❷
・・・	・・・			・・・	
流動負債計	100,000		→	170,000	
・・・	・・・			・・・	
固定負債計	200,000			200,000	
負債合計	300,000		→	370,000	
純資産の部					
・・・	・・・			・・・	
繰越利益剰余金	150,000		→	80,000	❺
利益剰余金合計	150,000		→	80,000	
・・・	・・・			・・・	
株主資本合計	5,150,000		→	5,080,000	
・・・	・・・			・・・	
純資産合計	5,150,000		→	5,080,000	
負債純資産合計	5,450,000			5,450,000	

【損益計算書】

売上高	・・・		・・・	
売上原価	・・・		・・・	
売上総利益	500,000		500,000	
販売費及び一般管理費				
租税公課	70,000	→	0	❹
・・・	・・・		・・・	
営業利益	230,000	→	300,000	
・・・	・・・		・・・	
経常利益	230,000	→	300,000	
・・・	・・・		・・・	
税引前当期純利益	230,000	→	300,000	
法人税、住民税及び事業税	0 ❶	→	140,000	❸❹
当期純利益	230,000	→	160,000	❺

❶税理士作成の決算書で「未払法人税等」が０、「法人税、住民税及び事業税」が０であることを確認し、税金を発生させる処理が必要であることを認識します。

❷別表５（２）⑥欄「期末現在未納税額」を見ると、合計70,000円が未納になっているので、これを建設業財務諸表の「未払法人税等」に計上します。

❸別表５（２）②欄「当期発生税額」を見ると、当期発生税額の合計金額70,000円が記載されているので、これを建設業財務諸表の損益計算書の「法人税、住民税及び事業税」に計上します。

❹別表５（２）⑤欄「損金経理による納付」を見ると、合計70,000円が計上されていますが、決算書の「法人税、住民税及び事業税」の記載が０なので、これは過年度分の法人税等を「租税公課」で費用処理しているものと考えられます。そこで、これを「法人税、住民税及び事業税」に振り替えて、「法人税、住民税及び事業税」は上記❸と併せて140,000円になります。

❺建設業財務諸表に決算書よりも70,000円多く費用計上したため、当期純利益が70,000円減り、その分、繰越利益剰余金も70,000円少なくなっています。

変えてもらい、変えてもらえなかったとしても、これから説明する処理を行なって、建設業財務諸表を正しく作成しましょう。

企業会計原則では、「すべての費用及び収益は、その支出及び収入に基づいて計上し、その発生した期間に正しく割り当てられるように処理しなければならない」とされており、いわゆる「**発生主義**」を原則とする旨が示されています。

この点、税理士の作成する決算書では、前期の確定納税額および当期の中間納税額を「法人税、住民税及び事業税」または「租税公課」として費用処理をする、いわゆる「**現金主義**」を採用しているケースをしばしば見かけます。

しかし、建設業財務諸表では、当期に確定して翌期に納付する税額は「発生主義」により、当期分として費用処理をしなければなりません。現実に税金を計算するのは決算を締めた後ですが、決算を終えた時点で瞬間的に利益が確定し、ポンっと当期分の税金が発生するので、その分を当期分の発生税額として建設業財務諸表に載せるというイメージです。

税理士の作成した決算書で、発生主義により税額が計上されていない場合は、法人税の確定申告書「別表５（２）」や地方税の申告書等を見ながら、建設業財務諸表に翻訳する際に税額を計上し直さなければなりませんが、別表５（２）の記載方法は税理士によってさまざまで、処理が煩雑になってしまいます。

ここではよくあるケースとして、損益計算書に「法人税、住民税及び事業税」が計上されていない（同時に、貸借対照表の「未払法人税等」も計上されていない）場合の修正処理の手順について説明していきます（172、173ページの図を参照）。

①税理士作成の決算書で「未払法人税等」が０、「法人税、住民税及び事業税」が０であることを確認し、税金を発生させる処理が必要であることを認識します。

②別表５（２）の⑥欄「期末現在未納税額」を見ると、当期末時点での未納税額＝未払法人税等の金額（ここでは合計70,000円）が

記入されているので、これを建設業財務諸表の貸借対照表「未払法人税等」に計上します。

③別表５（２）の②欄「当期発生税額」を見ると、当期発生税額の合計金額（ここでは合計70,000円）が記入されているので、これを建設業財務諸表の損益計算書「法人税、住民税及び事業税」に計上します。

④別表５（２）の⑤欄「損金経理による納付」を見ると、合計70,000円が計上されていますが、決算書の「法人税、住民税及び事業税」には計上されていないので、これは過年度分の法人税等が「租税公課」で費用処理しているものと考えられます。そこで、「租税公課」から70,000円をマイナスします。このままでもかまわないのですが、販管費の租税公課からマイナスすることで営業利益と経常利益がプラスになり、点数的に有利になります。租税公課でマイナスした過年度分の法人税等（ここでは70,000円）を「法人税、住民税及び事業税」に計上します。前述の③と合わせて、「法人税、住民税及び事業税」の合計は140,000円となります。

以上で損益計算書に「法人税、住民税及び事業税」が計上されていない（同時に、貸借対照表の「未払法人税等」も計上されていない）場合の修正処理は完了です。図を見てわかるとおり、当期発生税額70,000円の分、決算書よりも建設業財務諸表のほうが、当期純利益がマイナスになっています（230,000円→160,000円）。これを受けて、貸借対照表の繰越利益剰余金も150,000円→80,000円となります。税務上は現金主義でも発生主義でも認められていますが、建設業財務諸表では発生主義で統一されているため、まさに“翻訳”が必要になる典型的なケースといえます。

なお、気をつけなければならないのは翌期の修正処理です。翌期の決算書には当期分の70,000円が別表５（２）の⑤欄「損金経理による納付」として計上されます。しかし、建設業財務諸表においてはすでに当期で費用処理済みなので、その分を翌期でマイナスする必要がありますので、忘れないように注意してください。

2 建設業財務諸表には仮払税金を載せてはならない

もう１つ、税金がらみのルールについて紹介しましょう。それは、建設業財務諸表には「仮払税金」は載せてはならないというものです。

決算書に仮払税金を載せている場合は、２つあります。１つは、翌期に還付される税金を仮払税金として計上しているケース、もう１つは、当期発生税額として発生主義により費用処理すべき税金を流動資産に残しているケースです。前者は、仮払税金を未収還付法人税等と科目名を変更するだけでよいのですが、後者の場合は本来、費用処理すべきものを処理しないで、利益を多く見せることになるため粉飾決算になりかねません。

ここでは、損益計算書に「法人税、住民税及び事業税」が計上されていない（同時に、貸借対照表の「未払法人税等」も計上されていない）場合の修正処理の手順について説明していきます（177～179ページの図を参照）。

①税理士作成の決算書で、「仮払税金」がある（ここでは1,250,000円）ことを確認します。ときには「仮払金」に合算されていることもあるので、注意が必要です。

②別表５（２）の④欄「仮払経理による納付」を見ると、未収還付法人税等ではなく、当期に中間納税した分であることがわかります（未収還付法人税等の場合は⑥欄に△表示されます）。

③仮払税金が中間納税分であることがわかったので、建設業財務諸表の貸借対照表の「仮払税金」を０にし、その分の金額を損益計算書の「法人税、住民税及び事業税」へ計上します。

④これまで発生させていなかった損金が発生したため、「当期純利益」がその分マイナスになっており、ここでは3,000,000円→△350,000円になっています。

⑤当期純利益の減額を受けて、貸借対照表の「繰越利益剰余金」も

（本文は180ページへ続く）

◎仮払税金を「法人税、住民税及び事業税」に振り替える場合◎

別表5（1）利益積立金及び資本金等の額の計算に関する明細書

区分	期首現在 利益積立金額	当期の増減		差引翌期首現在 利益積立金額
		減	増	
	①	②	③	④
仮払税金		△ 1,250,000		△ 1,250,000
繰越損益金	4,000,000	4,000,000	7,000,000	7,000,000
納税充当金				
未納法人税	△ 1,500,000	△ 2,250,000	△ 2,000,000	△ 1,250,000
未納都道府県民税	△ 100,000	△ 150,000	△ 150,000	△ 100,000
未納市区町村民税	△ 300,000	△ 450,000	△ 400,000	△ 250,000

別表5（2）租税公課の納付状況等に関する明細書

科目及び事業年度		期首現在 未納税額	当期発生 税額	当期中の納付税額	❷		期末現在 未納税額
				充当金取崩し による納付	仮払経理に よる納付	損金経理に よる納付	
		①	②	③	④	⑤	⑥
法人税		1,500,000				1,500,000	
	中間		750,000		750,000		
	確定		1,250,000				1,250,000
都道府県民税		100,000				100,000	
	中間		50,000		50,000		
	確定		100,000				100,000
市区町村民税		300,000				300,000	
	中間		150,000		150,000		
	確定		250,000				250,000
事業税			600,000			600,000	
	中間		300,000		300,000		

※法人事業税納税証明書の確定税額800,000（または都道府県民税申告書（様式第6号）の未納税額500,000）

【貸借対照表】

	税務決算書			申請用財務諸表	
資産の部					
現金預金	...			...	
...	...			...	
仮払税金	1,250,000	❶	→	0	❸
...	...			...	
流動資産計	20,000,000		→	18,750,000	
...	...			...	
固定資産計	10,000,000			10,000,000	
...	...			...	
繰延資産計	500,000			500,000	
資産合計	30,500,000		→	29,250,000	
負債の部					
支払手形	...			...	
...	...			...	
未払法人税等	0		→	2,100,000	❹
...	...			...	
流動負債計	13,500,000		→	15,600,000	
...	...			...	
固定負債計	5,000,000			5,000,000	
負債合計	18,500,000		→	20,600,000	
純資産の部					
...	...			...	
繰越利益剰余金	7,000,000		→	3,650,000	❼
利益剰余金合計	7,000,000		→	3,650,000	
...	...			...	
株主資本合計	12,000,000		→	8,650,000	
...	...			...	
純資産合計	12,000,000		→	8,650,000	
負債純資産合計	30,500,000			29,250,000	

【損益計算書】

売上高	···		···	
売上原価	···		···	
売上総利益	15,000,000		15,000,000	
販売費及び一般管理費				
租税公課	2,800,000	→	300,000	❻
···	···		···	
営業利益	3,000,000	→	5,500,000	
···	···		···	
経常利益	3,000,000	→	5,500,000	
···	···		···	
税引前当期純利益	3,000,000	→	5,500,000	
法人税、住民税及び事業税	0	→	5,850,000	❺❹❸
当期純利益	3,000,000	→	－350,000	❼

【株主資本等変動計算書】

	繰越利益剰余金	繰越利益剰余金	
前期末残高	4,000,000	4,000,000	
当期純利益	3,000,000	－350,000	
当期末残高	7,000,000	3,650,000	❼

❶税理士作成の決算書で、「仮払税金」がある（ここでは1,250,000円）ことを確認します。ときには「仮払金」に合算されていることもあるので、注意が必要です。

❷別表５（２）④欄「仮払経理による納付」を見ると、未収還付法人税等ではなく当期の中間納付した分であることがわかります（未収還付法人税等の場合は⑥欄に△表示されます）。

❸仮払税金が中間納付分であることがわかったので、決算書の貸借対照表から「仮払税金」を０にし、その分の金額（1,250,000円）を「法人税、住民税及び事業税」へ計上します。

❹税理士作成の決算書で「未払法人税等」が０のため、別表５（２）⑥欄「期末現在未納税額」から1,600,000円と、都道府県民税申告書（ここでは便宜上、欄外に記載）で未納となっている500,000円との合計2,100,000円を、建設業財務諸表の「未払法人税等」に計上します。

❺別表５（２）②欄「当期発生税額」を見ると、当期発生税額の合計金額1,600,000円と、期末に発生した都道府県民税500,000円との合計2,100,000円を、建設業財務諸表の損益計算書の「法人税、住民税及び事業税」に計上します。

❻別表５（２）⑤欄「損金経理による納付」を見ると、合計2,500,000円が計上されていますが、決算書の「法人税、住民税及び事業税」の記載が０なので、これは過年度分の法人税等を「租税公課」で費用処理しているものと考えられます。そこで、これを「法人税、住民税及び事業税」に振り替えて、「法人税、住民税及び事業税」は上記❸と❺と併せて合計5,850,000円になります。

❼建設業財務諸表に決算書よりも3,350,000円多く費用計上したため、当期純利益が▲350,000円になり、その分、繰越利益剰余金も少なくなっています。

減っています。これにより自己資本が目減りしますし、場合によっては特定建設業の財産要件を割ってしまうこともあり得ます。

以上で仮払税金を当期分の発生税額として建設業財務諸表に載せる修正処理は完了です。なお、①の場合と同様に、翌期の修正処理にも気をつける必要があります。翌期の決算書では、「租税公課」または「法人税、住民税及び事業税」として計上されますが、建設業財務諸表においてはすでに当期に費用処理済みなので、その分を翌期にマイナスする必要があります。

なお、仮払税金については以前に私のTwitterで、税理士へのお願いとして、「公共工事を受注している・受注をめざしている建設業者の決算書では、法人税等の中間納付分を『仮払税金』として残さぬようお願いします。経審の際に、法人税、住民税及び事業税として計上する必要があり、当期純利益が変わってしまうためです。場合によっては、赤字に転じることも…」とつぶやいたことがありました。すると、「そんなことあるか？　見たことがない」「理由はわかるが気持ちが悪い…」という反応をいただきました。

多くの税理士や公認会計士は、還付予定額を仮払税金としているだけで、期末に損金処理すべきものはきちんと処理しているから、そういった反応をしたのだと思います。たしかに、それは税務上も会計上も正しい処理なのですが、中間納付分が仮払税金として残っている決算書が現実にあるのです。

余談ですが、税金についての修正処理が必要なケースがあると学んだことから、「決算書と建設業財務諸表は別モノ」「建設業財務諸表の作成は“翻訳”である」という考えが私のなかに生まれました。税務上は認められているものでも、建設業財務諸表では認められないのであれば、決算書から転記するのではなく、細部を把握することでお客様にとって有利な建設業財務諸表をつくることができるのではないか、と思ったのです。

国の推し進めるデジタルガバメント実行計画のなかでは、行政に一度提出した情報は別の行政を含め二度提出することは不要とする「ワンスオンリーの原則」というものがあります。これを受けてか書類の簡素化の一環で、令和２年度から測量業の業務報告では測量業独自の様式の財務諸表が不要となりました。他の許認可でも同じような動きが出てきており、建設業財務諸表も例外ではありません。

しかし、３章でも説明しましたが、決算書と建設業財務諸表は違うものなのです。また、経審における客観的な評価のベースとなる建設業財務諸表は、公正かつ公平な基準で作成されなければ意味がありません。今後、建設業の許認可と経審は電子申請になっていきますが、「決算書と建設業財務諸表は別モノ」であることは言い続けていきたいと思います。

役所が目を光らせている中小建設業者の人件費

建設業財務諸表には、次のとおり、人件費（人に関わる費用）が４つ（兼業がない場合は３つ）も登場します。

①損益計算書＞販管費＞従業員給料手当（以下、「**従業員給料手当**」）
②完成工事原価報告書＞労務費（以下、「**労務費**」）
③完成工事原価報告書＞経費のうち人件費（以下、「**うち人件費**」）
④兼業原価報告書＞労務費（以下、「**兼業原価の労務費**」）

まずは、これらの区別がついていない人がけっこう多いので、簡単に説明しましょう（次ページの図を参照）。

建設業財務諸表において、人件費はまず【現場に出ない人】と【現場に出る人】とに大別されます。【現場に出ない人】の人件費は「①従業員給料手当」に当たり、これはたとえば総務や経理といった管理部門や営業部門の人の人件費です。他の３つに比べて、一番イメ

◎建設業の人件費を区分してみると◎

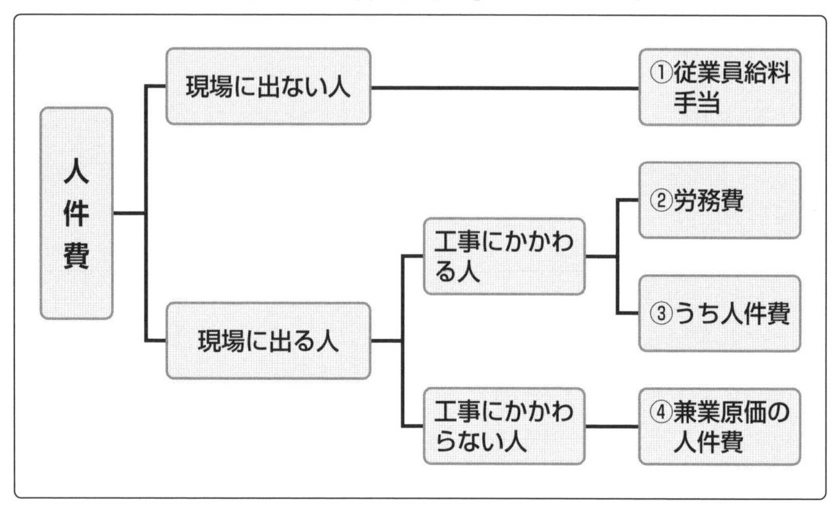

ージしやすいと思います。

次に、【現場に出る人】は、【工事にかかわる人】と【工事にかかわらない人】に分けられます。【工事にかかわらない人】の人件費は「④兼業原価の労務費」に分類されますが、これは保守点検や清掃、管理といった工事以外の業務に従事する人の給料やアルバイト代です。したがって、工事以外の売上（兼業売上）がない会社の場合は、ここはあまり気にしなくてかまいません。

そして、肝心の【工事にかかわる人】の分類ですが、「②労務費」は、いわゆる日雇いや日給月給の現場作業員の日当・アルバイト代で、「③うち人件費」は工事部門の正規従業員に対する給料です。「②労務費」と「③うち人件費」の区別がつきにくい場合は、主として作業だけを行なうのか、管理も行なうのかという視点で区別するとよいと思います。

この点、【工事にかかわる人】の人件費を、決算書に労務費とあるから何も考えずにそのまま建設業財務諸表にも「労務費」として転記し、「うち人件費」をゼロとしている建設業財務諸表をよく見かけます。もっと極端な例だと、原価には人件費が計上されず、販管費にまとめて計上しているケースもけっこう多く見受けられます。
しかし、工事において現場代理人や主任技術者がいないことはあり得ませんし、仮に「うち人件費」が本当にゼロなのであれば、それは丸投げ（一括下請負）の可能性があります。「この会社は、丸投げしているのではないか？」と行政に疑念を抱かれないためにも、人件費についてはきちんと区別しておいてください。

経審を受けている会社にとって、人件費の区別はとても悩ましい問題です。たとえば、決算書で「給料手当」に人件費をすべてまとめてしまっている場合、建設業財務諸表ではその一部を「労務費」や「うち人件費」として計上し直す必要があります。
しかしそうすると、工事原価が増えることになって売上総利益が減少するため、経営状況分析の点数（Ｙ点）が下がる要因となってしまいます。裏を返せば、決算書のまま「従業員給料手当」にまとめておけば、経営状況分析の点数（Ｙ点）は実態よりも高く出ることになります。ただしこれは、前述の丸投げ疑惑に加え、実態にそぐわない建設業財務諸表を作成して経審を受けたことになるため、虚偽申請になる可能性があります。
このように丸投げが疑われたり、図らずも虚偽申請になってしまったりということがないように、人件費の４つの区分についてはきちんと理解をして、決算書の段階からあらかじめ区別しておくことをおススメします。
建設業財務諸表、特に経審を受けて公共工事の受注をめざす中小建設業者の建設業財務諸表においては、建設業法の観点から人件費についてはきちんと区別しておきたいところですが、税理士の作成する決算書では区別されていないことが多々あります。
比較的多いのが、人件費を損益計算書の販管費の「給料手当」にまとめているケースで、区別していても製造原価と販管費に二分するにとどまるケースがほとんどです。「うちの税理士はサボっている」「うちの税理士はそんなこと教えてくれなかった」と思われるかもしれませんが、これには税理士なりに以下の２つの理由があります。

【理由①】分ける意味がないから

原価に計上されていようが、販管費に計上されていようが、税金の計算上は分ける意味がないからという理由です。

Ａさんは技術職員なので「うち人件費」、Ｂさんは管理部門なので「従業員給料手当」というように、１人ひとりの人件費を区別しても、発生している費用としては同じですから、最終的に税金の額は変わりません。

税金の額が変わるならまだしも、税金の額が変わらないことに時間と労力をかけるのであれば、今期の最終的な利益はどれくらいか、その結果どれくらいの税金を払うことになるのか、そして税金のための手許資金は足りているか、あるいはいまから節税できることはないかなど、さまざまな税務の観点から、あるいは「税務署対策」「資金繰り」といった面からも顧問先に貢献したいと思うのが、税理士の本来あるべき姿なのです。

【理由②】人件費は固定費という理解が一般的だから

もう１つの理由は、一般的に人件費は固定的な費用（固定費）であると理解されているためです。

売上に連動して増減する費用が「変動費」、そうでない費用が「固定費」です。建設業であれば、材料費と外注費が主たる変動費でしょう。売上から変動費を引いたものが粗利で、そこからさらに出ていく費用が固定費です。

この固定費のうち約半分を占めるのが人件費です。たとえば、売上がゼロだったら材料費も外注費もかかりませんが、自社の現場監督の人件費もゼロというわけにはいきません。逆に、売上が３倍になっても、人件費がただちに３倍になることは基本的にありません。このような考え方から、人件費は固定費としてとらえられているのが一般的です（厳密には、「労務費」は作業量（売上）に応じて増減するので変動費ですが、ここでは影響は軽微なものと考えて省略しています)。

税理士には税理士なりの言語があって決算書を作成していますし、建設業財務諸表は建設業財務諸表なりの言語があって翻訳する必要があるという、まさに“言語の違い”を実感できる部分かと思います。繰り返しになりますが、「決算書と建設業財務諸表は別モノ」です。建設業財務諸表のルールを税理士に理解してもらうための一助になればと思います。

役員報酬と法定福利費は必ず計上する

人件費について、もう1つ大事なものがあります。それは「**役員報酬**」です。決算書では、役員報酬と従業員給料の合計を「給料手当」として記載していることがありますが、建設業財務諸表では、これらをきちんと区別して記載する必要があります。経審や入札の評価においては点数に影響しない部分ではありますが、建設業許可のことを考えると必ず意識しておいてほしい事項です。

建設業許可で欠かせないものが、経営業務の管理責任者(現在の正式名称では「常勤役員等」)の要件です。経営業務の管理責任者は、取締役や事業主として建設業に関して5年以上の経営経験を有する人が、建設業許可業者の常勤の取締役として在職していることが要件になっています(なお、経営業務の管理責任者については、これ以外にも選択肢はありますが、許可業者の9割以上がこれによって許可を取得しているため、ここでは話を単純化しています)。

ここでポイントになるのが、**「常勤」の「取締役」**という点です。

役所の基本的な考え方として、常勤で働いているのであれば、給与または役員報酬が支払われているはず、というのが根底にあります。特に、経営業務の管理責任者は常勤の取締役として在職していることがほとんどなので、この場合「役員報酬」がゼロというのは異常な状態といわざるを得ません。

もっといえば、経営業務の管理責任者がいなくなっているのではないか、つまり許可要件を欠いているのではないかという疑念すら生じてしまいます。実際にそのようなことはあまりないとは思いますが、そういった疑念を抱かれないために、また役所からムダに目をつけられないためにも、「役員報酬」は従業員給料とは区別して表記するのが得策です。

決算書で役員報酬と従業員給料の合計を「給料手当」として記載している場合、それをそのまま建設業財務諸表に転記してしまうと、「従業員給料手当」に入れてしまいがちです。その場合には、確定申告書に添付されている「役員報酬手当等及び人件費の内訳書」(下図参照) を見て、役員報酬と従業員給料をきちんと分けましょう。内訳書の下段にある「人件費の内訳」欄に記載されている役員報酬手当の総額を、建設業財務諸表の「役員報酬」として計上すればOKです。

決算書の給料手当と、この「役員報酬」の差額が、建設業財務諸表では「従業員給料手当」として計上されることになります。余談

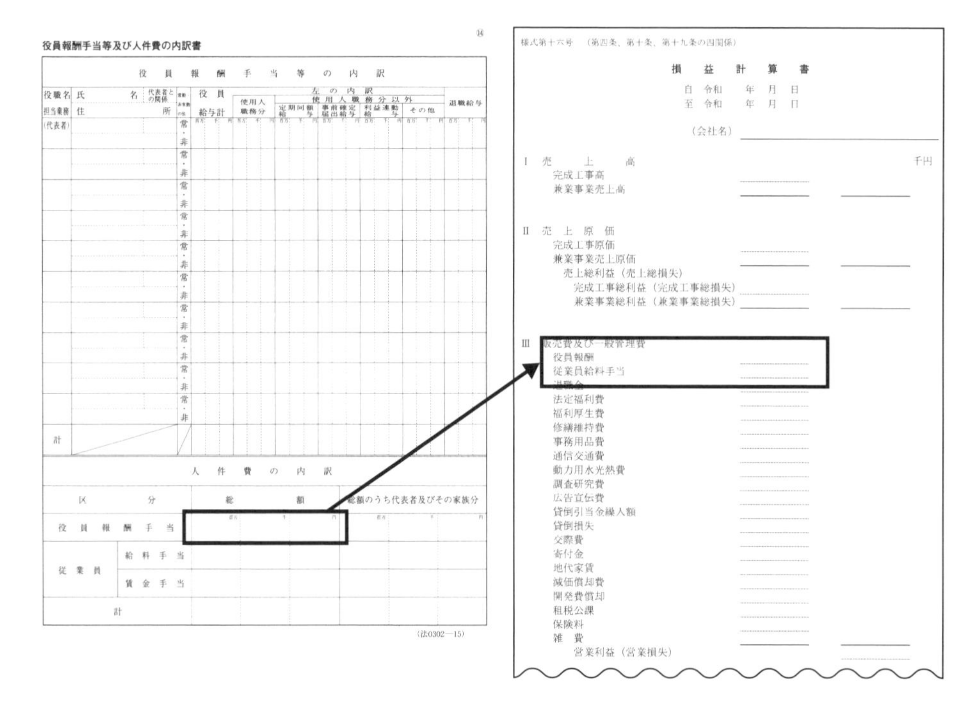

⑭

役員報酬手当等及び人件費の内訳書

役員報酬手当等の内訳

役職名 担当業務	氏名 住所	代表者との関係	常勤・非常勤の別	役員給与計	使用人職務分	定期同額給与	事前確定届出給与	利益連動給与	その他	退職給与
					左の内訳	使用人職務分以外				
(代表者)			常・非	百万 千 円	百万 千 円	百万 千 円	百万 千 円	百万 千 円	百万 千 円	百万 千 円
			常・非							
			常・非							
			常・非							
			常・非							
			常・非							
			常・非							
			常・非							
			常・非							
			常・非							
計										

人件費の内訳

区分		総額	総額のうち代表者及びその家族分
役員報酬手当		百万 千 円	百万 千 円
従業員	給料手当		
	賃金手当		
計			

(法0302―15)

様式第十六号　(第四条、第十条、第十九条の四関係)

損益計算書

自 令和　年　月　日
至 令和　年　月　日

(会社名)

千円

Ⅰ 売上高
完成工事高
兼業事業売上高

Ⅱ 売上原価
完成工事原価
兼業事業売上原価
売上総利益(売上総損失)
完成工事総利益(完成工事総損失)
兼業事業総利益(兼業事業総損失)

Ⅲ 販売費及び一般管理費
役員報酬
従業員給料手当
退職金
法定福利費
福利厚生費
修繕維持費
事務用品費
通信交通費
動力用水光熱費
調査研究費
広告宣伝費
貸倒引当金繰入額
貸倒損失
交際費
寄付金
地代家賃
減価償却費
開発費償却
租税公課
保険料
雑費
営業利益(営業損失)

ですが、内訳書に記載されている給料手当と賃金手当の違いについて触れておくと、給料手当は「販売費及び一般管理費」に入る従業員給料で、賃金手当は工事原価となる労務費、または、経費のうち人件費として記載されることが一般的です。

なお、内訳書の上段には、取締役や監査役の氏名等とそれぞれの役員報酬額が記載されています。中小企業ではあまり見られませんが、「使用人職務分」欄に記載がある場合、その分は厳密には役員報酬ではないため注意が必要です。

たとえば、取締役兼総務部長であれば、総務部長としての給料なのでこの分は販管費の「従業員給料手当」に分類されますし、取締役兼工事部長であれば、工事部長としての給料なので工事原価の「経費のうち人件費」に分類される可能性がありますので、適切に分類してください。

ついでにいうと、「**法定福利費**」にも同じことがいえます。

令和２年10月の建設業法改正により、雇用保険・健康保険・厚生年金保険の加入が許可要件となったので、法定福利費の計上もきちんと行なうようにしましょう。

実際にあったケースとしては、法定福利費と福利厚生費を合算して「福利費」という科目名で決算書に載せている会社がありました。これも経審や入札に直接影響する部分ではありませんが、社会保険への加入が偽装なのではないかと疑われるようなことは、あらかじめ避けておくのが賢明です。

4-4 知っていると得する許可とY点を見すえたテクニック

経審の点数アップにつながる“売上高を増やす魔法”

4－2項で、中小建設業者の財務改善策には自社の建設業財務諸表（決算書）をブロック図で描いて見える化し、細分化の思考で課題を切り分けていくことが有用だと説明しました。

常日頃からこれに取り組んでいれば、取り組んでいない会社とは差がつくのは当然です。しかし、「あまり中長期的な先までは待っていられない、いますぐできるテクニックを知りたい」という人もいると思いますので、「たった数万円で、数百万円の売上高をつくる」魔法のような方法を紹介しましょう。これを実行することで、あまりお金をかけずに期中から売上高を増やすことができます。

3章で経営状況分析（Y点）について解説しましたが、8つの指標のうち4つの指標で売上高が計算式に関係していました。「純支払利息比率」「負債回転期間」「総資本売上総利益率」「売上高経常利益率」の4つです。それぞれの計算式は以下のとおりです。

$$純支払利息比率＝\frac{支払利息↘－受取利息配当金↗}{総売上高↗}×100$$

$$負債回転期間＝\frac{流動負債↘＋固定負債↘}{総売上高÷12↗}$$

$$総資本売上総利益率＝\frac{売上総利益↗}{総資本（2期平均）↘}×100$$

$$売上高経常利益率＝\frac{経常利益↗}{総売上高↘}×100$$

前ページ図の上の３つの指標は、売上高（売上総利益）が大きいほど点数がよくなり、最後の指標は売上高が小さいほど点数はよくなるが、点数の振れ幅が小さいのであまり気にしなくてもよいと説明しました。それぞれの解説の際には、もったいをつけて「売上高を増やす魔法が存在します」と書きました。“魔法”と聞くと、何となくうさんくさい感じがしますが、これはきちんとした根拠のある話です。

さて、さっそく質問ですが、「売上高」とは何でしょうか？　損益計算書には「売上高」のほかにもお金が入ってくる項目として「営業外収益」（雑収入等）や「特別利益」がありますが、これらの違いはどこにあるのでしょうか？　これらを区別するのは誰の仕事なのでしょうか？　税務署ですか？　税理士ですか？　それとも…？

まず、税務署に確認してみたところ、「税務署としては、（消費税の）課税取引か、そうでないかしか見ていません」との回答です。つまり、ある収益が「売上高」に計上されていようが「雑収入」に計上されていようが、税務署は気にしていないのです。なぜなら、法人税や住民税は変わらないからです。それよりも、課税取引が非課税取引になっていたり、非課税取引が課税取引になっていたりすると消費税の額が変わってくるので、税務署としてはそちらのほうが気になるようです。

次に、税理士に確認してみたところ、「本業からの収益を売上、それ以外は雑収入」「定款・登記簿の事業目的を参考にして売上を決めている」といった声がほとんどでした。これは、「中小企業の会計に関する指針」（中小会計指針）や「中小企業の会計に関する基本要領」（中小会計要領）、あるいは全国１万人以上の税理士・公認会計士が利用している財務会計システムで有名なＴＫＣの「ＴＫＣ財務三表システムの科目配置基準」において、「企業の主たる営業活動の成果を表わす売上高」という表記や「売上高は、企業の主たる目的の事業活動により得られる収入である」と定義されていることに起因するものと考えられます。

また、「前の顧問税理士がそうしていたから、そのままにしている」という声もありました。これは、会計原則の継続性について配慮しているものと思われ、税理士が変わると税務署が「何かあったのかな？」と考えることがその背景にあるようです。そのほか、「複数事業を売上にすると、経費処理等で手間がかかる」という正直な声もありました。

このように「売上高」と「雑収入」の区別については、税務署は無関心、税理士の線引きは曖昧というのが現実です。したがって、何が売上で、何が雑収入なのかを決めるのは、他でもない**社長自身**です。社長が本業だと決めれば、それは本業なのです。そして、本業からの収益が売上なのであれば、雑収入のなかにある事業性のある収益も本業にしてしまえばよいのです。

その最たるものが、不動産を賃貸しているときの「受取家賃」です。一般的には本業とはいえないという理由で「雑収入」に計上されることがほとんどですが、可能なら本業にしてしまえばよいのです。

では、どうやって本業にするのか？　ここで税理士を困らせるわけにもいきませんし、税理士にも納得してもらったうえで「売上高」にするほうが今後もなにかとスムーズです。そこで、前述の税理士の言葉にもあったように、**会社の事業目的を追加する**ことで、「雑収入」であった収益を本業として「売上高」に計上する方法がよいでしょう。

たとえば、「受取家賃」であれば「マンション、貸店舗、駐車場およびその他不動産の賃貸および管理」、「自販機収入」であれば「自動販売機による物品の販売」のように、本業にしたいことを事業目的として定款・登記簿に明文化しておくのです（事業目的の追加方法については、法務局のホームページを参照してください）。

なお、事業目的を追加するには、法務局への印紙代（登録免許税）３万円と、司法書士へ依頼すればその費用が数万円程度かかります。しかし、いままで「雑収入」としてもったいないことをしていた数百万円が、たった数万円（の費用）で「売上高」に替わるのです。
前提として、実際に「雑収入」が計上されている必要がありますが、改めて自社の決算書を見直してみて、「雑収入」のなかに事業化できる収益がないか確認してみてください。

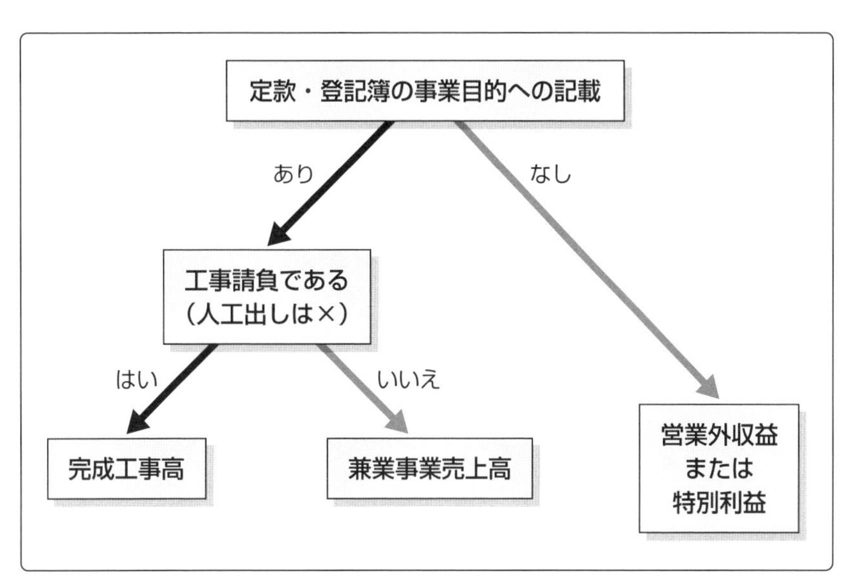

余談ですが、友人の税理士は「勉強になる」「税理士的な視点だけで決算書をつくっていたらダメだ」と、私の話に熱心に耳を傾けてくれつつも、「自分は、本業としての損益を正しく把握するために、不動産収入を雑収入にすることはある。あとは社長目線で、社長が何を望んでいるのか？　社長にとって役に立つ数字が決算書でパッと見て取れることが大事だと考えている」と話していました。

たとえば、工事部門で10,000千円の赤字が出たとしても、不動産賃貸部門で20,000千円の利益が出ていれば、これを「売上高」とすると決算書上では、営業利益は10,000千円のプラスになります。しかし、「雑収入」にしておくと営業利益は△10,000千円です。

したがって、「売上高」に入れるのはかまわないとしても、そうするとパッと見で工事部門の赤字が見て取れない（トータルでプラスだから錯覚してしまう）ので、気をつける必要があります。

この税理士はプロだと思ったのは、いうまでもありません。税金の計算に必要だから決算書をつくるのではなく、社長が会社の過去を振り返り、現状を把握し、今後の未来を考えるために決算書をつくっているのです。中小建設業者の社長は、顧問料の高い・低いではなく、こうやって寄り添ってくれる税理士と早く出会えることが、本当の意味で“売上高を増やす魔法”なのかもしれません。

経審を受けるときにおススメする決算月

経審を受ける中小建設業者の社長から、「決算月を変えようと思うんだけど、経審のためには何月にしたらいいの？」とか、「決算月を○月にしようと思うけど、経審的にはどうかな？」といった質問をいただくことがあります。もし、決算月の変更について検討されているなら、ぜひ以下のことを考慮して決めてください。

①経審的には貸借対照表が小さくなる月がベスト

３章で紹介しましたが、経営状況分析（Y点）においては「貸借対照表はコンパクトに」の原則があります。

◎貸借対照表はコンパクトに！◎

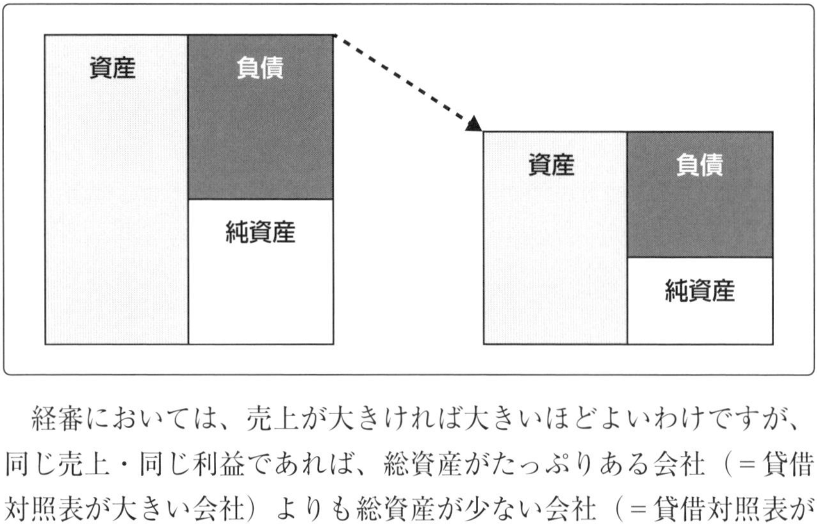

経審においては、売上が大きければ大きいほどよいわけですが、同じ売上・同じ利益であれば、総資産がたっぷりある会社（＝貸借対照表が大きい会社）よりも総資産が少ない会社（＝貸借対照表が

小さい会社）のほうが、効率よく売上と利益を稼げているということでよい評価になるのです。

そこで、決算月の変更を検討する際にまずやってほしいのは、**毎月の試算表を過去５年分比較する**ことです。建設業の場合、毎月の売上はバラつきがあって当然ですが、そのなかでも売上が少ない時期や資産が減っている（＝貸借対照表が小さくなる）時期が何となくでも見えてくるはずです。

たとえば、大手の下請工事をメインにしている３月決算の会社の場合は、どうしても年度末の３月に完成する工事が多くなるため、３月は売掛金や買掛金が増えて、貸借対照表は大きくなってしまいがちです。

しかし、翌年度初めの４～６月は受注が少なくなり、現預金が減るために、貸借対照表が自然と小さくなることがあります。年度末に無理をしなくても、貸借対照表が自然と小さくなる月があるのであれば、その月を決算月とするのが経審の点数上はベストです。

前述のように３月決算だと、一般的には貸借対照表が大きくなりがちなので、３月決算にする理由があればかまいませんが、経審を受ける中小建設業者の決算月としてはあまりおすすめできません。

自社の過去５年分の月次の貸借対照表を検証して、毎年、貸借対照表が小さくなっている月がないか、探してみるとよいでしょう。

なお、決算月を変更する場合には税理士の協力が不可欠なので、事前に税理士と綿密に打ち合わせをするようにしてください。

②決算月が６、７、８月なら自社に有利な経審を選べる！

入札参加登録は２年あるいは３年に一度、定期受付を行なっています。２年か３年かは役所や団体によって異なりますが、建設工事の場合はほとんどが２年で、物品委託等でたまに３年があるといった具合です（１年ごとのところもあります）。

時期的には、10月頃から翌年１月までの４か月のうちに定期受付期間を設けているところが多く、たとえば中央省庁の一元受付は12

月から、東京都は11月下旬からというのはここ10年以上変わっていません。

ここで大事なことは、各役所や団体の入札参加登録の**定期受付にいつの決算日（審査基準日）の経審が使えるか**です。いつの経審が使えるかについては、一般的には「審査基準日が申請日から１年７か月以内の有効なもの」と定められていることが多いのですが、たまに次のような定め方をしていることもあります（令和３・４年度の入札参加登録では、新型コロナウイルス感染症の影響に鑑み、特例が設けられていたため当てはまりません）。

> 令和５・６年度の定期受付の場合、令和３年６月16日以降を審査基準日とするもので、かつ、令和３年６月16日以降を審査基準日とする経営事項審査の結果通知書が複数ある場合は、そのうち最新のもの　（国土交通省の手引きより抜粋）

これは、令和５・６年度の国土交通省の定期受付のときのものですが、このときは令和３年６月16日以降の経審を受けていることが条件になっています。ここで生じるのが、「令和４年６月30日の経審をいつ受けるのか？」という問題です。下の図を見てください。これは、経審と入札参加登録について時系列に並べたものです。

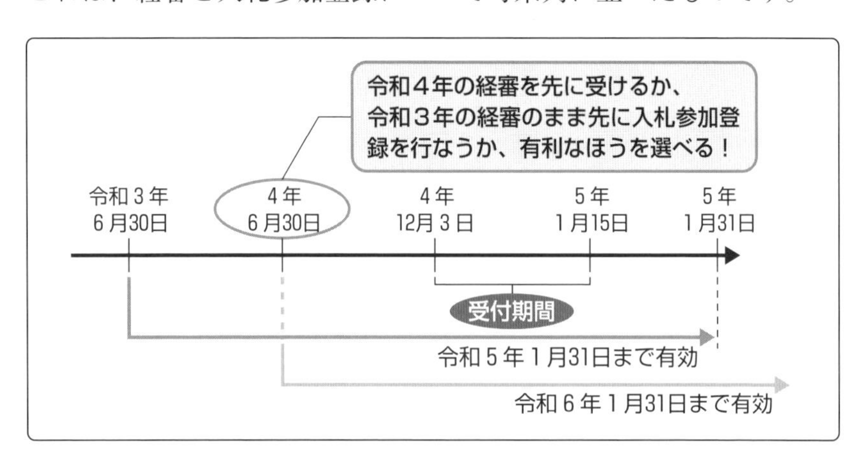

令和３年６月30日決算についての経審は、結果通知書が発行された日から令和５年１月31日まで有効です。したがって、このまま令和３年の経審を使って定期受付を行なうことができます。一方で、定期受付の受付期間の前に令和４年６月30日の決算を迎えており、この令和４年の経審は令和３年の経審が期限を迎える令和５年１月31日までに受ける必要があります。裏を返せば、急がなくても令和５年１月31日までに令和４年の経審を受けてあればよかったわけです。

ここで社長に考えてほしいのは、自社にとって令和４年の経審のほうが、有利になりそうなのか・不利になりそうなのか、ということです。有利になるのであれば、先に令和４年の経審を受け、その結果を使って定期受付を申請すればよいでしょう。逆に不利になるのであれば、定期受付を先に申請し、その後から令和４年の経審を受ければよい（経審申請は先に済ませて、結果待ち状態のうちに定期受付を申請するのでもＯＫ）のです。

このように決算月を６、７、８月にすると、入札参加登録の定期受付において、古い経審を使うか・新しい経審を使うか、自社に有利なほうを選択できることがあります。実はこれが、経審を受ける中小建設業者に６、７、８月決算をおススメする理由です。

もちろん、受付時期がもう少し早い役所や団体であれば、５月決算も選択肢に入ってくるでしょうし、逆に２月頃に受付をする役所や団体であれば、６月決算は不可で９月決算が選択肢に入ってくるかもしれません。あとは、自社がどの役所や団体に照準を合わせるかの問題です。本書で繰り返し説明していることですが、「どの役所の」「どの業種の」「どれくらいの規模（金額）の」工事を受注したいのかを明確にすることで、有利と不利の意味合いは異なってくると思います。

自社の戦略にかかわってくる部分なので、一概にどちらがよいとはいえません。点数が高いほうが有利な場合もありますし、点数が低いほうが有利という場合もあり得ます。自社の戦略を考えたときに、いつの決算月が適正なのかを検討してみてください。

なお、念のために言っておきますが、本書は決算月の変更を積極的に推奨するものではありません。資金繰りや納税の時期などのこともありますので、繰返しになりますが、決算月を変更する場合には余裕をもって税理士にご相談ください。

DES（デット・エクイティ・スワップ）とは

３章でも何回か紹介した「ＤＥＳ」ですが、改めてここできちんと説明しておきましょう。ＤＥＳとは「デット・エクイティ・スワップ」(Debt Equity Swap）の略で、債務（Debt）を株式（Equity）に交換する（Swap）ことをいい、会社の資本金を増やす手法の１つです。

通常の一般的な増資（第三者割当増資）であれば、新たな株式を発行して、その株式を引き受けてくれる人から引き受ける株式数や株価に応じて現金（現物出資もできますが、ここでは省略）を出資してもらいます。

◎通常の増資とＤＥＳの違い◎

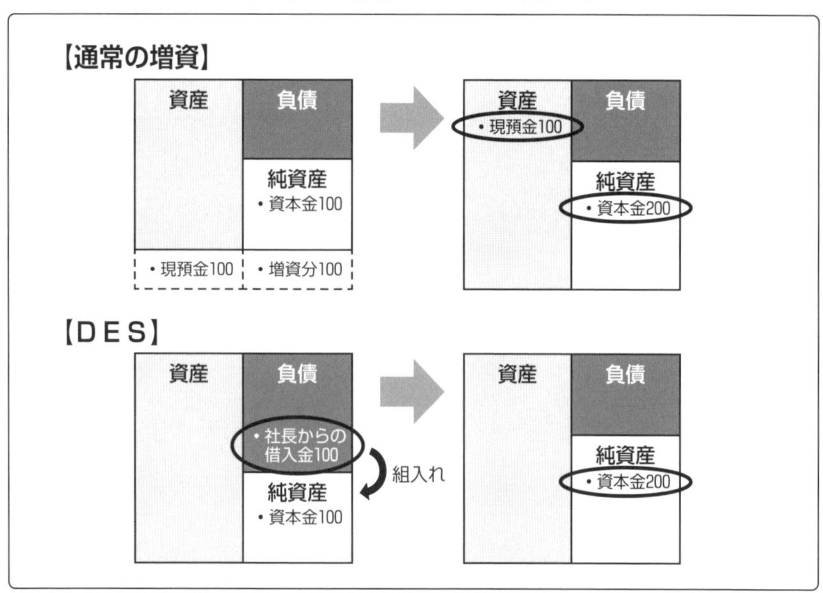

しかし、ＤＥＳは新たな株式の発行を引き受けるにあたり、すでに会社に対して有している債権（会社から見れば債務）を原資とするため、株式を引き受ける人は新たに現金を出資する必要はありません。これがＤＥＳの大きな特徴です。

ＤＥＳを行なうと、経営状況分析（Ｙ点）を考えるうえで３つのメリットがあります。

１つは、債務が減少して純資産（自己資本）が増えることになるため、経営状況分析（Ｙ点）のうち**「自己資本比率」と「自己資本対固定資産比率」の改善**につながります。特に自己資本比率は、中小建設業者が取り組むべき指標の１つなので、これが改善することはとても大きいです。

２つめは、借入金つまり有利子負債が減ることで支払利息の増加を抑えることにもつながるため、**「純支払利息比率」の数値が悪くなるのを防ぐ**ことができます。これも中小建設業者が取り組むべき指標の１つです。

３つめとして、通常の増資の場合は出資する分、新たな現金が増えるために貸借対照表が大きくなってしまい、「貸借対照表はコンパクトに」の原則に反しますが、ＤＥＳの場合は**貸借対照表全体の大きさはそのままを維持できる**という利点があります。

一方で、デメリットもあります。３章の「自己資本対固定資産比率」のところで説明したように、資本金が増えることで法人住民税の負担が増えます。また、ＤＥＳを行なうと、細かい税務上の取扱いで問題が生じたり、増資の登記を行なうにあたり税理士の証明書が必要になったりするので、実際に行なう際には事前に税理士にご相談ください。

ＤＥＳは、経営状況分析（Ｙ点）対策以外にも、特定建設業の許可を取得したり、維持したりする際の手段としても活用できます。実際にＤＥＳを行なうかどうか、すぐには判断できないと思いますが、こういう手段もあるということを知っていると、選択肢が広がると思います。

建設業財務諸表を作成するうえで

No.	タイトル	
	基本事項	確認
1	決算書と建設業財務諸表は別モノである	
2	建設業財務諸表は誰がつくっても同じではない	
3	転記するときは、四捨五入ではなく千円未満切り捨てでＯＫ	
4	兼業売上がある場合には、損益計算書から入力する	
5	原価、売掛金、買掛金は工事と兼業で分ける	
	貸借対照表	確認
6	貸借対照表をブロック図で描いてみる	
7	貸借対照表をつくるときの原則その１「正常営業循環基準」	
8	貸借対照表をつくるときの原則その２「ワンイヤールール」	
9	特定建設業の場合は、短期借入金か長期借入金か特に注意する	
10	決算前であればデット・エクイティ・スワップ（ＤＥＳ）も選択肢として知っておく	
11	貸借対照表の５％ルール（※建設業財務諸表の記載要領参照）	
12	固定資産の記載で「減価償却累計額」となっているときは別表16で確認する	
13	貸倒引当金は流動負債ではなく、流動資産に△で表示する	
14	未払消費税が△になっている場合は、未収として流動資産にもってくる	
15	割引手形が勘定科目にある場合、削除して注記表に記載する	
	損益計算書	確認
16	損益計算書をブロック図で描いてみる	
17	押さえておきたい５つの利益	
18	税理士がもっとも注目しているのは、税金がいくらかである	
19	役員報酬は必ず計上する	
20	法定福利費も必ず計上する	
21	損益計算書の10%ルール（※建設業財務諸表の記載要領参照）	
22	人工出しは、本当は兼業売上に計上すべき	
23	工事の前受金を売上に入れていないか気をつける	
	完成工事原価報告書	確認
24	工事原価の「経費のうち人件費ゼロ」は丸投げの疑い	
25	工事原価の「経費ゼロ」も丸投げの疑い	
26	労務費、経費のうち人件費、販管費の給与手当の違いを理解しておく	
	注記表	確認
27	注記表で絶対書かなきゃいけない２、３、４、６、９、18	
28	注記表の記載２（１）資産の評価基準及び評価方法	
29	注記表の記載２（２）固定資産の減価償却の方法	

知っておくべき・確認すべき項目<チェックリスト>

No.	タイトル	
30	注記表の記載２（３）引当金の計上基準	
31	注記表の記載２（４）収益及び費用の計上基準	
32	注記表の記載２（５）消費税及び地方消費税に相当する額の会計処理の方法	
	参考	確認
33	株主資本等変動計算書は貸借対照表と損益計算書を結ぶ役割	
34	資本金１億円超 or 負債200億円以上のときは附属明細表を作成する	
	経審と経営状況分析	確認
35	経営状況分析（Ｙ点）の８指標は平等ではない	
36	経営状況分析の指標（１）純支払利息比率	
37	経営状況分析の指標（２）負債回転期間	
38	経営状況分析の指標（３）総資本売上総利益率	
39	経営状況分析の指標（４）売上高経常利益率	
40	経営状況分析の指標（５）自己資本対固定資産比率	
41	経営状況分析の指標（６）自己資本比率	
42	経営状況分析の指標（７）営業キャッシュフロー	
43	経営状況分析の指標（８）利益剰余金	
44	Ｙ点には関係ないけど、経審に影響してくる「営業利益」	
45	減価償却費の当期償却額は、とりあえず突っ込む！	
46	兼業原価報告書はＹ点にはまったく影響しない	
47	建設業財務諸表には仮払税金を載せてはならない	
48	未払法人税が計上されていないときは修正処理が必要	
49	赤字＝経審にとってマイナス、とは限らない	
50	気をつけるべき勘定科目（１）完成工事未収入金	
51	気をつけるべき勘定科目（２）未成工事支出金	
52	気をつけるべき勘定科目（３）工事未払金	
53	気をつけるべき勘定科目（４）未成工事受入金	
	公共工事につながる建設業財務諸表をめざして	確認
54	公共工事におけるよい決算書とは？	
55	決算書は結果ではなく、つくっていくものである	
56	B/Sをスリム化する４つの策（１）工事未払金をなるべく減らす	
57	B/Sをスリム化する４つの策（２）固定資産を減らしてリースを活用する	
58	B/Sをスリム化する４つの策（３）一時的でも借入金を返す	
59	B/Sをスリム化する４つの策（４）保険積立金を減らす	
60	できれば、決算の２か月前から経審対策を始めよう	

この章では、公共工事の受注につながる建設業財務諸表のつくり方として、自社の現状把握のために建設業財務諸表（決算書）をブロック図で見える化して財務を改善していく考え方と、建設業財務諸表を作成するうえで守らなければならないルールとテクニックについて解説してきました。

よくいわれることですが、「やり方」と「あり方」は車の両輪です。やり方だけでは続きませんし、あり方だけでも会社は回りません。自社の状況を見つめ直して、公共工事受注のための一手を考えていただくきっかけになれば幸いです。

なお、建設業財務諸表を作成するうえで知っておくべき・確認すべき事項について198、199ページにチェックリストを載せておきますのでご活用ください。

知っていると得をする経審対策のいろいろと電子申請の基礎知識

5-1 X1（完成工事高）における経審対策

３章と４章では、中小建設業者が優先的に取り組むことで成果が出やすい経営状況分析（Ｙ点）対策と、そのために必要な建設業財務諸表のつくり方や財務改善の手法について説明しました。

本章では、経営状況分析以外の評価項目について見ていきます。まずは、「X1」（完成工事高）についてです。

数字がよいほうを選ぶ必要はない

売上が上がればX1の点数も上がるのは間違いないですが、その上がり幅が徐々に減っていくことは、すでに２章で説明したとおりです。また、X1は業種ごとの売上について単年で評価するのではなく、２年平均または３年平均を選択することになっています。この点について、多くの会社は数字がよいほう（平均売上が大きくなるほう）を選んでいると思いますが、それは本当に正解でしょうか？

ここで思い出してほしいのが、２章で説明した「**逆算思考**」です。「１億円の金額の工事を獲る」→「そのためには格付けをＣにする必要がある」→「そのためには経審の点数を650〜750点の間にする必要がある」というように、経審と入札においては常に「逆算思考」で考えることが大切です。

上記の例でいえば、Ｃランクになりたいのであれば、X1の点数がよすぎて経審の点数が750点を超えてしまうという事態は避けなければなりません。つまり、あえてX1の点数の低いほうを選択することで、意図的に点数上昇を抑えるのです。

この点、多くの社長は、点数がよいほうを選ばなければならない、と思っているのではないでしょうか。経審は成績表だから点数が高いほうがよい、と思い込んでいるかもしれません。

しかし、関係法令にも告示や通知にも「2年平均または3年平均の数字の高いほうで評価する」とは、どこにも書いてありません。つまり、公共工事を受注するにあたり、**自社にとって都合のよいほう、公共工事を獲るために有利なほうを選択してよい**のです。そのために、あえて点数を抑えるのも1つの選択肢です。

売上の積上げ（振替、移行）制度を活用する

66ページでも触れましたが、経審には経審を受けない業種の売上分を、経審を受ける業種の売上に合算する措置が認められています。「積上げ」とか「振替」「移行」とか、行政によって呼び方はさまざまです。

呼び方がさまざまなだけではなく、実は行政によって積上げできる業種が異なっています。本書では、次ページに関東地方整備局と埼玉県を比較のために並べて載せておきますので、貴社が経審を受ける行政庁についても確認してみてください。

両者を比較してみると、行政によりいろいろな事情があるとはいえ、まったく違いますね…（次ページの表では太字で表記）。入札参加資格審査における客観的審査としての役割を担う経審なのに、こんなに違ってよいのだろうかと心配になります。

それはさておき、制度は制度としてフル活用しましょう。積上げの制度を使うには次の3つの条件がありますので、注意が必要です。

①積上元の業種の許可を取得していること
②積上元の業種については経審を受けないこと
③前期分は積上げして当期分は積上げしないというのはできない

注意点の1つめは、積上げを行なう場合、積上元の業種の許可を取得していることが大前提です。たとえば、内装仕上工事を建築一式工事に積み上げる場合、建築一式工事の許可だけではなく、内装仕上工事の許可も必要になります。内装仕上工事に分類される工事

◎積上げができる業種の例◎

【関東地方整備局】　注：太字は関東地方整備局と埼玉県で異なる部分です。

積上先の一式工事	←	積上元の業種
土木一式工事	←	と、石、**タ**、鋼、**筋**、舗、しゅ、水
建築一式工事	←	大、左、と、屋、タ、鋼、筋、板、ガ 塗、防、内、具、解
専門工事間の積上	⟷	**専門工事間の積上**
電気	⟷	電気通信
管	⟷	熱絶縁、水道施設
とび・土工・コンクリート	⟷	石、**造園**

【埼玉県】

積上先の一式工事	←	積上元の業種
土木一式工事	←	と、石、鋼、舗、しゅ、水、**解** （※土木に関する工事に限る）
建築一式工事	←	大、左、と、屋、**電**、**管**、タ、鋼、筋、 板、ガ、塗、防、内、**絶**、具、解 （※建築に関する工事に限る）
専門工事間の積上	⟷	**専門工事間の積上**
電気	⟷	電気通信、消防施設
管	⟷	熱絶縁、水道施設、**消防施設**
とび・土工・コンクリート	⟷	**タ**、石
屋根	⟷	**板金**
鋼構造物	⟷	**鉄筋**
建具	⟷	**ガラス、内装仕上**

を内装仕上工事の許可を受けずに請け負った場合には、「その他工事」扱いとなってしまうので、積上げできないのです。

2つめに注意したいのは、積上げを利用した場合、積上元の業種の経審を受けることができなくなる点です。先ほどの例でいえば、内装仕上工事の売上を建築一式工事に積み上げた場合、内装仕上工事の経審は受けられなくなります。売上ゼロとしても、受けることはできません。

したがって、積上げをするかしないかを検討するには、積上元の業種では経審を受けなくて本当によいのか、積上元の業種の経審点数を使って入札参加登録できなくても問題ないのか、もっといえば、自社の獲りたい公共工事はどこの役所の、どの業種の、どれくらいの金額の工事なのかを明確にする必要があります。

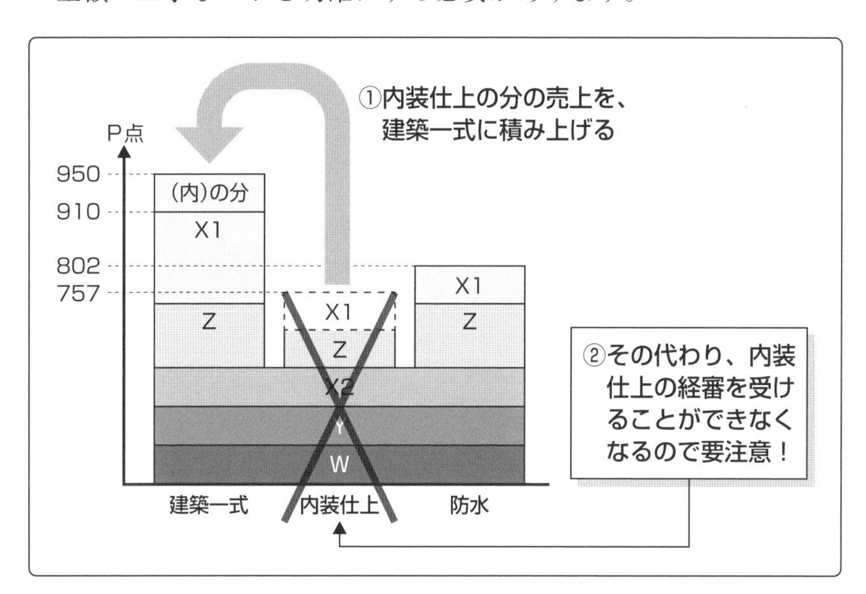

注意点の3つめは、細かいことですが、積上げを利用する場合には原則として積上元の売上全額を積上先に持っていく必要があることです。X1は2年または3年平均の売上ですから、前期分は積上げせずに当期分だけを積上げしたり、2期平均の金額のうち半分だけを積上げしたりということはできません。ただし、埼玉県のように工事内容によっては積上げできない場合もありますので、この点も注意が必要です（大阪府では例外もあります）。

工事の裏づけ資料を自社に有利になるように準備する

あらかじめ断わっておきますが、これは確実に認められる方法というわけではありません。しかし、対行政の対応として理解しておくとよいと思います。

経審では、提出した工事経歴書に記載されている工事案件について、実際にその工事があったのか、きちんと施工して完了したのかを確認するため、工事請負契約書や注文書・注文請書等の資料（以下「裏づけ資料」）の提示または提出を求められます。

なお、書類の簡素化が進み、一昔前は関東地方整備局では上位10件も提出していたものが５件になり、令和３年２月からは３件だけで済むようになりました。

また、工事経歴書に記載されている工事案件の上から３件について確認する行政もあれば、元請・下請を問わず請負金額の大きいものから上位３件について確認する行政もあり、工事裏づけ資料の確認は行政によって多少異なります。この工事裏づけ資料の確認の際には、**業種判断を行政任せにしない**というのがポイントです。

建設業許可は29業種に分かれていますが、現実の工事ではそんなにハッキリと区分するのは難しいケースが多々あります。たとえば、電気と電気通信を一緒に工事した場合とか、マンションの大規模修繕工事などはその典型といえます。

大規模修繕工事を例にあげると、元請として総合的に企画・指導・調整しているのであれば「建築一式工事」とも考えられるし、その大部分を塗装工事や防水工事が占めているのであれば「塗装工事」として計上したり「防水工事」と判断することもあります。

契約書や注文書の工事件名には「Ａマンション大規模修繕工事」や「Ｂマンション外壁補修工事」とあるだけで、契約書や注文書だけでは判断がつかない工事があると思います。そのときには自社としての考えをきちんと示すべきです。

具体的には、見積書や仕様書で、その工事のなかで最もウエートが大きい工事内容を示したり、写真や図面で実際の作業内容・作業状況を見てもらったりして、「自社の考えはこうです。したがって、業種は○○工事として計上しています」ということをしっかりと主張します。

もちろん、まったくお門違いな業種を主張しても認められませんが、前述の電気工事と電気通信工事の複合的な工事や大規模修繕工事などは、工事の中身を見てみないと一概にはいえないものなので、そういう工事はむしろチャンスととらえて、自社が有利になるような裏づけ資料をしっかりと準備して経審に臨むとよいでしょう。

業種判断は、行政やわれわれ行政書士が何年やっていても迷う問題です。基本的な考え方は、その工事の内訳で最もウエートが大きい（金額が大きい）工事内容の専門工事とするのが一般的です。しかし私としては、その工事の最終的な目的は何なのかということも考慮したうえで、総合的に判断すべきものと考えています。

たとえば大規模修繕工事で、マンションが特殊な形をしていたために足場架設工事代の金額が最も大きくなったような場合、これは「とび・土工工事」なのでしょうか。足場をかけるのが目的ではなく、外壁修繕がこの工事の目的ですから、足場架設工事の金額が多少大きくなったとはいえ、これを「とび・土工工事」としてしまうのは違和感があります。

足場はあくまでも準備工事であって、主たる目的は外壁の「塗装工事」や「防水工事」であることを、工事の裏づけ資料できちんと行政に説明できるようにしておくことが大切です。たとえば、裁判官に証拠を提示して立証するようなイメージです。

念のために付言しますが、自社に有利になるようにとはいえ、見積書の数字を改ざんする等の虚偽申請になる行為は絶対にしないでください。あくまでも業種判断で迷うような場合に、その判断を行政任せにしないという姿勢で、自社に有利になるような工事の裏づけ資料を積極的に見てもらうように準備をして経審に臨みましょう。

5-2 X2（自己資本額および利益額）における経審対策

X2は倒産しにくい会社を評価するもの

「X2」は、自己資本額と平均利益額（営業利益と減価償却実施額）について評価するものです。自己資本額は会社の体力を表わし、平均利益額は会社がどれだけの価値を生み出せているかを表わしており、X2全体としては会社の体力と収益力を評価している項目ということができます。

これは、建設業者の倒産傾向を調査したうえで、現行の経審が制度設計されたといわれており、言い換えれば、倒産しにくい会社であることを評価するものです。

X2は、自己資本額と平均利益額にそれぞれの点数表があるので、金額に応じて点数表に当てはめて点数化し、そのうえで以下の算式で計算します。点数表については、「経営事項審査の事務取扱いについて（通知）」に規定されているので、それを参照してください。

なお、自己資本額も平均利益額も０円に満たない（マイナスの）場合は０円として計算します。両方マイナスの場合は、最低点である454点（Ｐ点換算で68点）となる計算です。

$$\frac{\text{当期と前期の営業利益＋減価償却実施額}}{2}$$

$$\text{X2}=\frac{\text{自己資本額の点数＋平均利益額の点数}}{2}$$

自己資本（純資産合計）と営業利益については３章、４章で十分に触れたので、ここでは減価償却に重点を置いて説明していきます。

減価償却実施額は別表16の数字をとにかく詰め込む

「平均利益額」は、本業の事業活動での利益を表わす「営業利益」と、財務諸表上は費用として計算されているけれども実際にはお金が出ていっていない「減価償却実施額」を合算することで、どれだけの価値を生み出せたかを表わしています。

営業利益については3章で説明したように、決算書をそのまま転記するだけではなく「収益は上に、費用は下に！」の原則にもとづいて決算書をきちんと精査することで改善する可能性があります。また、当然ながら工事原価や販管費の見直しというのも中長期的に考えて取り組んでいきたいところです。

「平均利益額」のもう１つの要素が「減価償却実施額」です。これについて勘違いをしている人がたまにいますが、損益計算書の販売費及び一般管理費にある減価償却費だけではなく、工事原価や兼業原価などに含まれているものも合算してかまいません。工事以外のものは含めてはいけないと思っていると、知らずにもったいないことをしている可能性があります。

そこで、そのもったいない勘違いを防ぐための簡単な方法を伝授しましょう。それは、「**確定申告書のうち別表16はすべて経営状況分析機関に送ること**」です。

平均利益額の計算で用いる前期と当期の営業利益および減価償却実施額は、経営状況分析（Ｙ点）の結果通知書に「(参考値)」として記載してもらうため、経営状況分析（Ｙ点）の申請書類とともに減価償却実施額の確認資料を送付することになっています。行政庁で経審を受けるときには、この「(参考値)」で営業利益および減価償却実施額を確認しています。

したがって、これはＯＫ・これはＮＧと自分で勝手に判断するのではなく、別表16はすべて経営状況分析機関に送付して経営状況分析機関の判断を仰ぎましょう。最初から丸投げだと経営状況分析機関には申し訳ないですが、減価償却実施額の見落とし、取りこぼし

◎法人税確定申告書「別表16」とは◎

① 旧定額法又は定額法による減価償却資産の償却額の計算に関する明細書

事業年度又は連結事業年度 ・ ・ / ・ ・　法人名 (　　)

別表十六(一)　平三十・四・一以後終了事業年度又は連結事業年度分

(一)から(十一)まであるので要注意!

御注意

1 この表には、減価償却資産の耐用年数、種類等及び償却方法の…(2)租税特別措置法又は震災特例法による特別償却の規定の適用を除きます。)の「34」欄の金額については、耐用年数、種類等…

2 租税特別措置法又は震災特例法による特別償却の規定の適用を…

資産区分	種類	1					
	構造	2					
	細目	3					
	取得年月日	4	・ ・	・ ・	・ ・	・ ・	・ ・
	事業の用に供した年月	5					
	耐用年数	6	年	年	年	年	年
取得価額	取得価額又は製作価額	7	外 円	外 円	外 円	外 円	外 円
	圧縮記帳による積立金計上額	8					
	差引取得価額 (7)−(8)	9					
帳簿価額	償却額計算の対象となる期末現在の帳簿記載金額	10					
	期末現在の積立金の額	11					
	積立金の期中取崩額	12					
	差引帳簿記載金額 (10)−(11)−(12)	13	外△	外△	外△	外△	外△
	損金に計上した当期償却額	14					
	前期から繰り越した償却超過額	15	外	外	外	外	外
	合計 (13)+(14)+(15)	16					
平成19年…	残存価額	17					
	差引取得価額×5% (9)×5/100	18					

があって間違っていた場合には正しい数字を教えてもらえます。

減価償却実施額は、法人税確定申告書の「別表16」という書類で確認するのですが、実はこの別表16は（1）から（11）まであり、どれを使ったらよいのか、またどれを送ったらよいのかといったことが、とてもわかりづらいのです。

年に一度のことですし、担当者が変わってまた振出しに戻ってしまうのでは困るので、「**別表16はすべて経営状況分析機関に送る**」ということだけでも社内でルール化しておくとよいでしょう。もちろん申請書には、自分で計算した数字を記入することは必要ですが、もし間違っていても経営状況分析機関が正しい数字を教えてくれるはずです。

なお念のために、一応伝えておくと、減価償却実施額に含められる別表16は、（1）（2）（4）（6）（7）（8）の6つです。ただし、このなかでも項目によっては含めないものもありますので、注意が必要です。特に、減価償却実施額に含めることができない借入金の保証料、前払保険料、前払家賃等が記載されている（6）は要注意です。

中小建設業者はきちんと減価償却をしたほうがよい

当期利益がマイナス（赤字）であることを隠すために、わざと減価償却費を計上しない決算書をたまに見かけます。しかし、これは経営状況分析（Y点）では多少のプラスはあるものの、X2ではマイナスに働きますし、それ以外にもマイナスの影響が大きいのであまりおすすめしません。

「それ以外にも」というのは、金融機関や調査会社の与信の問題です。金融機関は、減価償却費の償却不足額があればそれを計算に入れたうえで損益計算をし直してスコアリングしていると聞きますし、減価償却費が未計上でギリギリ黒字にしている（つまりは実質的には赤字の）場合は、赤字を隠そうとしているとみなされ、印象が余計に悪くなるため逆効果です。

決算書をなんとかして黒字にしたいという気持ちはよくわかりますが、そんなことをしても、金融機関や調査会社はすべてお見通しということを知っておきましょう。

決算後に小手先のテクニックで強引に黒字化するのではなく、まずは減価償却費を毎月の費用に組み込むことで、減価償却費を考慮したうえで利益を出せるようにすることが大切です。

税理士によっては、毎月の費用とせずに、年度末に減価償却費をまとめて費用計上するケースもあると思いますが、会社の数字が正しく見えるようにするために、また公共工事を受注するためには、減価償却費も考慮した毎月の資金繰表を出してもらうよう税理士に協力を仰ぎましょう。

どうしても協力してくれないのであれば、その税理士は貴社のことを真剣に考えてくれていないのですから、別の税理士に依頼することを検討したほうがよいかもしれません。

5-3 Z（技術職員および元請完成工事高）の経審対策

Z項目の評点のつけ方

「Z」は、技術職員数と元請工事の売上高（2年または3年平均のうちX1で選んだほうに合わせる）について、業種ごとに技術力を評価する評価項目です。

Zの評点における点数配分は均等ではなく、「技術職員数評点：元請完成工事高評点＝8：2」で計算することになっています。仮に元請完成工事高と技術職員数の両方が0の場合は、最低点456点（P点換算で114点）となり、最高点は2,441点（P点換算で610点）です。

Z ＝ 技術職員数評点×0.8 ＋ 元請完成工事高評点×0.2

上記計算式にある「技術職員数評点」と「元請完成工事高評点」は、「建設業法第27条の23第3項の経営事項審査の項目及び基準を定める件」という国土交通省告示と、「経営事項審査の事務取扱いについて（通知）」という国土交通省から各行政庁向けに出ている通知に定められているので、それらを参照してください。当然、どちらも人数・金額が多いほど高得点になります。

公共工事の予行演習のつもりで民間元請工事に取り組む

元請として工事を請け負うと、元請業者には工事全体の計画を作成してマネジメントすることが求められるとともに、役所との折衝や近隣対策までその責務は広範囲に及びます。一方、下請業者として工事を行なう場合には、自社が請け負った範囲でそれらをまっとうできていればよく、求められるマネジメント力等の差は歴然です。

そこで、公共工事を受注すれば当然、元請として工事に当たることになるため、元請業者に求められるマネジメント力等をX1の年間平均完成工事高とは別に加点対象としたのが「**元請完成工事高**」です。簡潔にいえば、「**同じ金額の工事なら元請工事のほうが評価が高い**」ということになります。

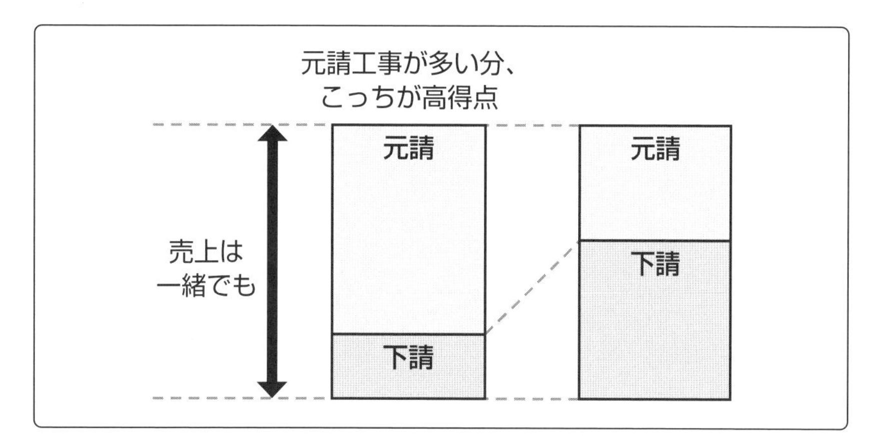

元請完成工事高は、年間平均完成工事高（X1）の２年平均または３年平均と連動しているので、X1が２年平均であれば元請完成工事高も２年平均、X1が３年平均であれば元請完成工事高も３年平均で計算することになります。X1は３年平均だけど、３期前には元請売上がないから元請完成工事高は２年平均にするといったことはできません。どちらが自社にとって有利になるのかは、単純な売上高だけではなく、元請完成工事高も考慮する必要があります。

元請完成工事高は、元請としての実績があるか否かが評価になるため、テクニックでどうなるものでもありません。貴社が現状では下請工事が多いようであれば、日ごろから元請で受注できるしくみづくりを考えていきましょう。

「そんな簡単には、いかないよ」といわれてしまいそうですが、いま、公共工事に取り組もうとしているのであれば、元請工事の最たるものは公共工事です。元請工事をやる気はあるわけですから、できる・できないの問題ではなく、あとは「どうやるか」の問題です。

経審において技術職員名簿は引き出しの宝庫

経審の際の「**技術職員名簿**」は、いつも悩みのタネです。技術職員が数名であればそれほど大変ではないですが、20～30名となると、資格や実務経験の有無がたくさん出てきます。手続きは煩雑になり、手間も増えますが、その分、会社としては選択肢が増えることになるため、経審における“引き出しの宝庫”ということができます。

もともとあった「１級」「２級」「その他」「監理技術者及び講習修了者」という加点項目のほかに、ここ数年で登録基幹技能者や専門学校卒業実務経験者が、令和２年４月からは建設キャリアアップシステム（ＣＣＵＳ）でレベル３・４の技能者がそれぞれ加点対象に加わりました。さらに令和３年４月からはＣＰＤ（Continuing Professional Development）教育の受講単位数に応じての加点、技能者のレベルアップ判定による加点と、技士補の加点も始まりまし

◎令和５年７月以降の技術職員数（Ｚ１）の評点表◎

評点	技術職員区分		資格
6点	１級監理受講者	技術者を対象とする国家資格の１級又は技術士法に基づく資格を有し、かつ監理技術者資格者証・監理技術者講習修了証の交付を受けている者	・１級建設機械施工技士（建設業法） ・１級土木施工管理技士（建設業法） ・１級建築士（建築士法） ・建設・総合技術管理技術士（技術士法）　等
5点	１級技術者	技術者を対象とする国家資格の１級を有する者（上記を除く） 技術士法に基づく資格を有する者（上記を除く）	
4点	監理技術者補佐	監理技術者を補佐する資格を有する者	・１級建設機械施工技士補（建設業法） ・１級土木施工管理技士補（建設業法） ・監理技術者資格者証（有する資格欄が「実経」のもの）　等
3点	基幹技能者等	登録基幹技能者講習の修了者 能力評価基準によりレベル４と判定された者	・登録電気工事基幹技能者　等
2点	２級技術者	能力評価基準によりレベル３と判定された者 技術者を対象とする国家資格の２級を有する者 技能者を対象とする国家資格の１級を有する者　等	・２級建設機械施工技士（第１種～第６種）（建設業法） ・２級土木施工管理技士（建設業法） ・２級建築士、木造建築士（建築士法） ・第１種電気工事士（電気工事士法） ・１級左官技能士（職業能力開発促進法） ・登録基礎ぐい工事試験の合格者（建設業法）　等
1点	その他技術者	技能者を対象とする国家資格の２級＋実務経験を有する者 実務経験による主任技術者　等	・第２種電気工事士（電気工事士法）＋実経３年 ・電気主任技術者（電気事業法）＋実経５年 ・給水措置工事主任技術者（水道法）＋実経１年 ・２級左官技能士（職業能力開発促進法）＋実経３年 ・指定学科卒業＋実経３年または５年 ・施工管理技士の第一次検定合格＋実経３年または５年（※） ・実経10年の主任技術者　等

（※）令和２年以前の施工管理技士合格者も対象となる（学科のみの合格は不可）。

た。実は、経審においては技術職員関連の変更がここ数年で一番多く、激アツな評価項目といえます（厳密には、ＣＰＤは社会性（W）の審査項目です）。

監理技術者としての１点加点は置いておいて、５点もらえる資格としては、施工管理技士、技術士や１級建築士等があります。気をつけたいのは第１種電気工事士で、これは残念ながら２点となっています。改めて前ページの表を見ると、１級技術者とそれ以外（２級技術者や実務経験者）との点数差は大きく感じます。

さて、ここからは実務的な話になりますが、技術職員は１人につき２業種まで加点対象とすることができます。経審を受ける業種が２業種までの場合は迷わないかもしれませんが、３業種以上の場合はどの業種で加点をもらうか悩みます。ここでもやはり「逆算思考」で考えることが大切です。

たとえば、１級建築施工管理技士（コード120）の場合、建築一式はもちろんのこと、塗装、防水、内装仕上、さらには、とび土工まで実に17もの業種で５点の加点対象となっています。しかし、経審の申請において加点がもらえるのはそのうち２業種に限られます。

建物の新築などを得意とする建築業者であれば、建築一式（業種コード02）を真っ先に選ぶとは思いますが、残りのもう１業種を何

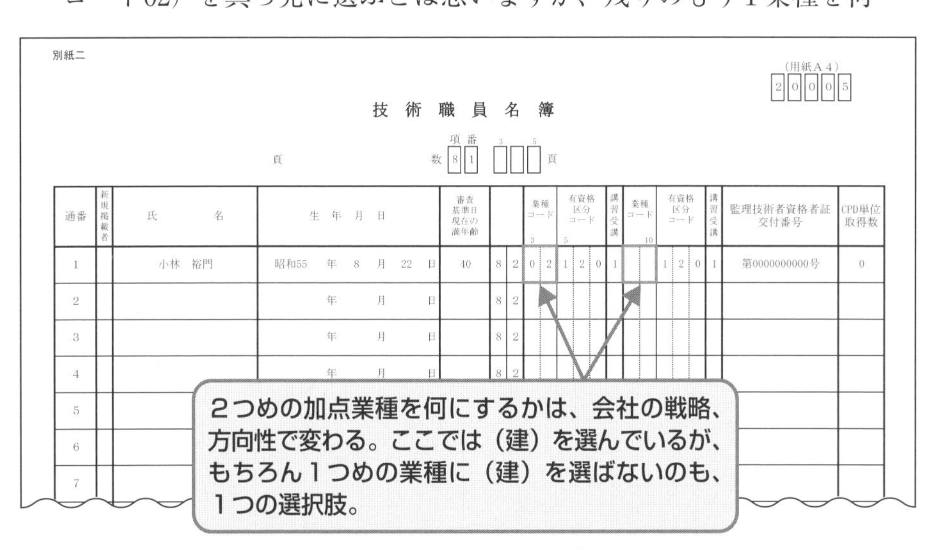
別紙二

（用紙Ａ４）
20005

技術職員名簿

項番 3 5
頁数 8 1 頁

通番	新規掲載者	氏名	生年月日	審査基準日現在の満年齢		業種コード	有資格区分コード	講習受講	業種コード	有資格区分コード	講習受講	監理技術者資格者証交付番号	CPD単位取得数
1		小林　裕門	昭和55年 8月 22日	40	8 2	0 2	1 2 0	1		1 2 0	1	第0000000000号	0
2			年 月 日		8 2								
3			年 月 日		8 2								
4			年 月 日		8 2								
5													
6													
7													

にするかは会社の戦略、方向性次第です。内装仕上（業種コード19）のＰ点を伸ばしたいのであれば、一級建築施工管理技士の資格者全員の２つめの業種を「内装仕上」で統一すればよいですし、塗装も防水も内装仕上げも満遍なく底上げしたいということであれば、資格者によってうまく振り分けて加点をもらうのも手です。

このように、経審と入札についても、私が一貫して提唱している「**逆算思考**」の考え方が活きてきます。「どこの役所の、どの業種の、どれくらいの規模の工事」を受注したいのかが明確になっていれば、経審をどのように受けるのがよいのかが見えてきます。

そうすると、技術職員をどのように振り分けて加点をもらえば、自社にとって有利になるのかがわかってくるはずです。さらには、１章で埼玉県を例に取り上げましたが、入札参加登録における発注者独自の評価項目（主観的審査）で１級資格者の人数が格付けに影響することもありますので、技術職員数のマネジメントは経審の点数だけでなく、入札も視野に入れてトータルで考える必要があります。

技術職員の加点は申請者次第

実は、これから取り上げる方法は、本当はあまり公にはしたくないのですが、技術職員に関する盲点というか間違った常識について話を進めていきます。この話を信じるか・信じないかは、読者のみなさん次第ですが、仮にこれからの話どおりに申請する際は、自己責任でお願いいたします。

経審の技術力（Ｚ）の一部である「技術職員数」は、審査基準日（一般的には決算日）時点で自社に６か月超在籍している技術職員が加点対象となっています。

たとえば３月末決算の場合、前年の10月１日入社の人はちょうど６か月のため加点対象外、前年度９月末までに入社した人は加点対象となります。したがって、経審を考えたときに技術職員の採用は、上半期のうちに済ませておくのが効果的です。

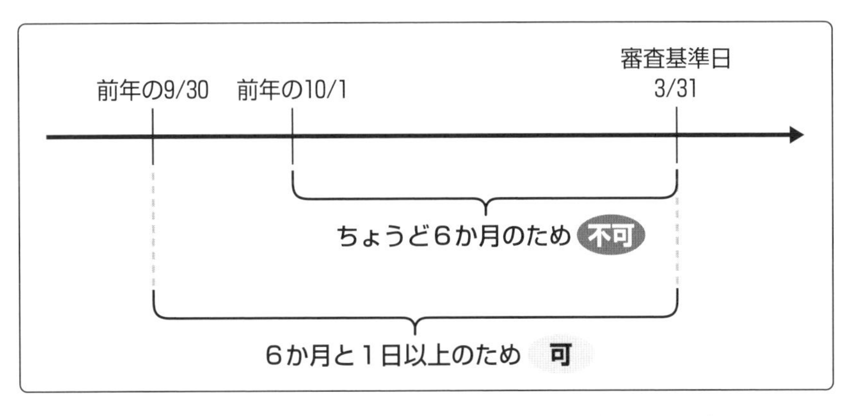

また、加点される技術職員は、施工管理技士等の国家資格、一部の民間資格、基幹技能者講習などの資格者はもちろんのこと、その工事業種について実務経験10年以上の人（所定学科卒業者および施工管理技士試験の第一次検定合格者は軽減措置あり）も含まれます。ここでいう「実務経験」とは、現場事務所での事務作業や現場での掃除等では認められませんが、それ以外は見習い期間から現場監督まである程度幅広く認められています。本書を読んだことをきっかけに、自社の実務経験の技術職員について改めて精査し直してみてください。

経審の点数（P点）を高くするためには、１人でも多く技術職員を名簿に記載して加点してもらうのがよいので、点数を伸ばしたいときは前述の経験をできるだけ広めに解釈して、１人でも多く技術職員名簿に記載しましょう。なお、申請書の記載要領には「技術職員に該当する者全員について作成すること」と規定されていますが、申請書に全員を記載したとしても、それを証明できるか・できないかは別の話です。

すでに経審を受けている社長であれば、経審の審査を受けたときに行政から「この人は技術職員として認められないので、技術職員名簿を訂正します」といった指摘を受けたことがあるのではないでしょうか。実際に会社には在籍しているにもかかわらず、経審の審査上のルールではじかれる技術職員という人が存在します。私の体験にもとづく事例を３つほど紹介しましょう。

【事例１】２か所給与の問題

建設業とは別会社で不動産業を営んでいるやり手の社長がいました。いままでは建設業のほうに軸足を置いており、不動産業は別の役員に任せている形で経営していたので、不動産業の会社からは役員報酬を得ていませんでした。しかし、不動産業が好調に回り始めたため、ある年から不動産業者からも役員報酬をもらうことになりました。

２つの法人から役員報酬（給料）をもらうと、健康保険・厚生年金保険の手続きにおいて、「二以上事業所勤務届」という届出をしなければなりません。この場合、建設業者からの役員報酬のほうが多ければ行政に指摘されることは少ないかもしれません（行政によって解釈は異なります）が、この例ではよりによって、建設業者：不動産業者＝１：９くらいの差がありました。

それでも社長は建設業者に常勤しているので、経審の際に技術職員名簿に記載したところ、「さすがに報酬額の差が大きすぎる」という理由で、技術職員名簿から削除するようにとの指摘を受けました。

【事例２】資格証不鮮明の問題

令和２年４月から関東地方整備局で運用が始まったのですが、監理技術者資格者証の有効期限が読み取りづらい場合には、申請者または行政書士に確認することなく「未受講」と取り扱われることになっています。行政の姿勢としていかがなものかと思うのですが、それはさておき、実際にそういう取扱いが行なわれているわけです。

資格証のコピーが不鮮明であることから、後日、鮮明なものの再提出を求められることは、実はいまに始まったことではありません。

鮮明なものが提出できない場合には、行政から技術職員名簿から削除するようにとの指摘を受けるのですが、手元に原本が見当たらないため、コピーし直すことができずに加点を諦めるしかなかったケースが何度かありました。

【事例３】指定学科に該当するかわからない問題

経審で加点対象になる人＝主任技術者の要件を満たす人なので、前述の有資格者や10年の実務経験者に加えて、所定の学科を卒業した後に３年または５年の実務経験者も加点対象になってきます。

しかし、ここ数年、この実務経験の軽減措置を受けられる所定学科に該当するか否かが、その学科名だけでは判断できないものが増えています。特に、学科名にカタカナが入ってくるとその傾向が強い気がします。

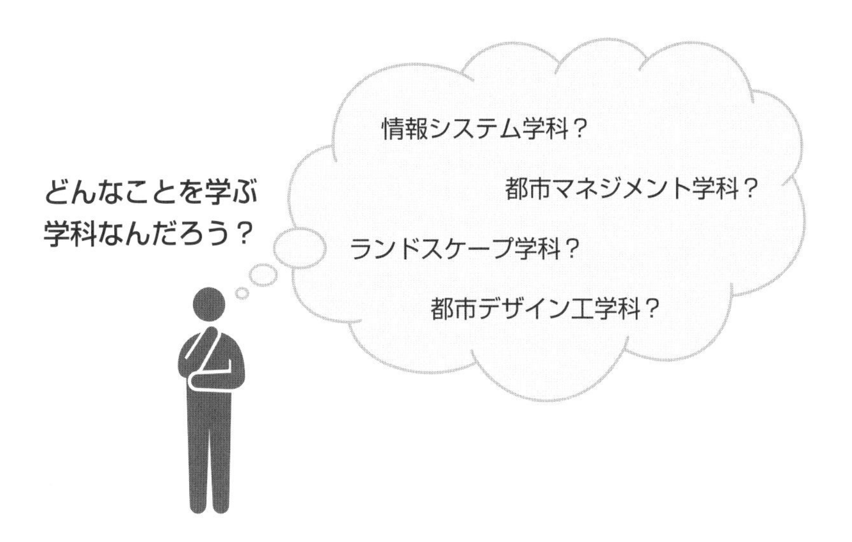

たとえば、建築学科や土木工学科などのように、そのものずばりの学科名であれば、行政もすんなりと認めると思いますが、上の図にあるような情報システム学科やランドスケープ学科などが所定学科に該当するのか否かは、学科名だけでは判断しづらいものです。

こういう場合、履修証明書でその人の履修した科目を確認したり、一般財団法人建設業技術者センターで確認してもらっているかと、質問されたりします。これらの確認がすぐに取れればよいのですが、どちらも時間がかかることから、経審を早く期限内に受け終わりたい場合には、技術職員名簿から削除することで対応していることがほとんどです。

名簿記載を本人から拒否されたら…

以上の事例から、私はこう考えました。実際には申請会社に常勤をしているけれども、役所側の都合（審査のルール）で技術職員としてカウントしてもらえないのであれば、申請会社側の都合で技術職員としてカウントしないことを選べるのではないか？　と。そんな折に、都合よく次のような事例に遭遇しました。

ある会社では、自社の従業員の経験年数や資格情報を管理部で管理していました。あるとき、新たに技術職員として名簿に記載する人の資格証をもらおうとしたら、本人から「資格手当ももらっていないのに、勝手に資格を使われるのは嫌だ」といわれたそうです。

本人になんら責任や義務が生じるものではない旨を話し、会社のために協力いただきたい旨を説明しましたが、本人の意思は固く、担当者も私も困ってしまいました。

そこで、行政に「加点になる資格者が会社に常勤しているのは間違いないが、経審に際してこれを意図的に書かないのは虚偽申請になるのか？」と質問したところ、「技術職員名簿に記載するかしないかは申請者の判断でかまいません」との回答を得ました。そこで、これを受けてこの人を技術職員名簿から削除して申請しました。

行政からしてみると、経審は客観的な評価でなければならないので、技術職員名簿に記載された人については、画一的な基準と決められた確認資料で審査をする必要があります。したがって、前述の事例１～３について、決められた資料で確認が取れない技術職員については、加点対象から外すというのもうなずけます。

一方で、許可申請や経審の申請は「申請主義」であるため、申請があったものについて許可の要件を満たしているか、経審の加点対象となるかを審査するのがルールとなっています。したがって、技術職員についての証明責任は申請者にあり、証明して加点をもらうのか、証明を諦めるのかは、申請者次第なのです。

「経審において技術職員名簿は引き出しの宝庫」と前述しましたが、技術職員と保有資格が多ければ多いほど点数のマネジメントの選択肢が広がるため、まさに引き出しの宝庫といえるのです。

なお、以上の話は技術職員の項目に限りません。次項で説明する「社会性等」（W）の各評価項目においても、たとえば建退共加入の有無、ＩＳＯの有無等について証明するか・諦めるかの判断も申請者に委ねられています。

ただし、技術職員をその年によって載せたり・載せなかったりする場合に、１点だけ気をつけたほうがよいことがあります。それは、**「若年技術職員の新規雇用」**についての評価項目です。

「若年技術職員の新規雇用」は、審査基準日時点で34歳以下の技術職員を新たに名簿に記載する場合に、その割合が技術職員総数の１％以上であれば加点をもらえる、という社会性等（W）の評価項目の１つです。

若年技術職員を隔年で載せたり・載せなかったりすると、わずかではありますが、「若年技術職員の新規雇用」の審査項目について、点数が操作できてしまうことになります。

しかし、この評価項目は完全に新規の人が対象となるものと考えるべきであり、過去に一度でも名簿に記載したことがある人については、カウントしないほうがよいでしょう。

中小建設業者は若年技術者の雇用と育成に取り組もう！

建設業界は現在、人手不足なので、求人に関しては売り手市場です。中途採用で資格者を雇用すると高くつきますし、なかなか若い人が入ってこない、定着しないという社長の悩みをよく耳にします。

きれいごとといわれるかもしれませんが、高い給料を払って中途採用をするのではなく、生え抜きの技術者を育成して、定着してもらう工夫をすることが、これからの中小建設業者にはより一層求められています。

そのために社長にお願いしたいのが、自社に「**資格取得の奨励制度**」を設けることです。ここまで説明してきたように、資格者が多ければ多いほど技術力の点数が高くなるのはもちろんのこと、経審での選択肢、入札での選択肢がどんどん広がります。これは、社長１人ではできないことで、スタッフみんなの協力が必要不可欠です。

現場の仕事が終わってから勉強するのは大変です。家族がいるスタッフであれば、家族の協力も必要でしょう。それでも努力して資格を取得してくれるのであれば、ぜひそのスタッフのがんばりに報いる制度を整備してあげてください。

いかがでしたでしょうか。技術力（Z）の点数をアップするために必要なことは、元請工事を受注するためのしくみづくり、そして資格者を増やすための資格奨励の制度づくりなどです。これらのことは、他でもない社長の仕事です。

5-4 W（社会性等）における経審対策

W項目の評価点のつけ方

この章の最後は、「W」（社会性等）についてです。1章で経審のブロック図（34ページ参照）を使って、WはYとともに中小建設業者が取り組むべき評価項目であると説明しました。

業種ごとではなく会社全体の評価項目であること、量ではなく質的な評価項目であることから、比較的取り組みやすいのが「Y」と「W」でした。

Yについては、自社の財務状況をざっくりとでもタイムリーに把握できるようにすることで、1年を通じて対策を行なっていく、決算の数字をつくっていく意識が大切だと説明しました。Yは、やれば確実に成果が出る部分なのですが、どうしても時間がかかってしまいます。

この点、Wについては、基本的に審査基準日時点で「ありか・なしか」、そして「何人いるか」「何台あるか」という状況を問われていることから、即効性があるのが魅力といえます。

費用対効果を見ながらにはなりますが、極端な話、決算日当日までに対策を打てるというのはWならではです。項目の最高点は2,074点（P点換算で311.1点）、最低点は▲1,837点（P点換算で▲275.5点）となっていて、経審の5つの評価項目のうちで唯一**マイナス点になる可能性がある**のが特徴です。

3保険とも未加入だとP点で▲157.5点。挽回は不可能

本書を執筆している令和5年7月現在、経審においては「**雇用保険・健康保険・厚生年金保険**（以下「3保険」）**の加入の有無**」が社会性等（W）の評価項目となっています。この「3保険の加入の

有無」の評価項目は、経審においては珍しく、加点ではなく**減点の評価項目**となっているのが特徴です。減点の評価項目としては、この３保険のほかには「法令遵守の状況」と「再生企業に対する減点措置」の２点です。

「３保険の加入の有無」は、加入または適用除外だと０点、未加入だと各▲40点（Ｐ点換算で各▲52.5点）となっていて、３保険すべて未加入だとＰ点で▲157.5点となる計算です。Ｐ点で▲157.5点は、Ｙ点だと▲787.5点に相当し、これはもう致命的なマイナス点で、取り返すことはまず不可能です。

そもそも、経審は公共工事の入札に参加するため、公共工事を受注するために受けるものです。公共工事を発注する側、つまり役所側の立場になって考えてみてください。地元に同じくらいの売上規模、従業員数、歴史の建設業者があるとします。Ａ社は３保険すべてに加入していますが、Ｂ社は３保険のいずれにも加入していません。どちらの会社に工事をお願いしたいと思いますか？

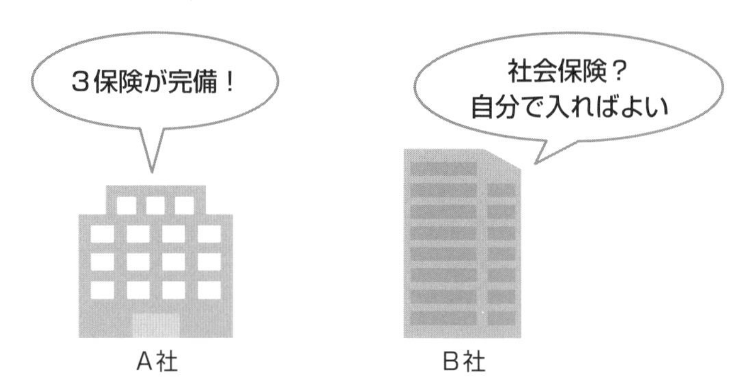

当然、Ａ社ですね。加入すべき社会保険にきちんと加入して従業員を守り、保険料をきちんと納めているわけですから当然です。一方、Ｂ社は３保険に加入せず、従業員を守る意識が希薄で、保険料も納めていません。役所側から見れば、必要な社会保障制度の一翼を担っているＡ社に発注したいと思うのが自然な流れです。

これは、税金でも同じことがいえます。公共工事のお金がどこから出ているかといえば、すべて税金です。国なら法人税や所得税など、都道府県なら都道府県民税や事業税など、いろいろな種類の税金がありますが、利益をあげたら税金を払ってもらう。そしてその税金でまた事業を行なっていく——これが行政のあるべき姿です。したがって、税金を滞納されていては困ります。そこで、入札参加登録の際には、税金の未納がないことを確認するケースがほとんどです。

3保険の加入が入札参加登録において重要視されたのは、平成24年11月から強化された建設業界での社会保険未加入対策が発端でした。社会保険に加入していない建設業者のほうが、加入している建設業者よりも価格面で有利になり、公正かつ適正な入札環境が期待できないというのがその理由です。そして、工事の入札参加登録から派生して、いまでは物品買入れや役務提供の入札参加登録においても必須とされてきています。

令和５年７月現在では、社会保険に未加入の場合は、入札参加登録そのものを認めない自治体（東京都や横浜市など）がほとんどです。さらに一歩進んで、社会保険料に未納がある場合も、社会保険に未加入の場合と同等とみなされています。入札に参加する場合には、きちんと社会保険に加入し、未納がないように気をつけてください。

なお、社会保険が適用除外に該当する場合には、無理して加入する必要はありません。適用除外に該当するか否かは、役所か社会保険労務士に相談してください。

実際、私も新しいお客様から、「社会保険未加入のまま委託業務の入札参加登録を行なってもよいか」という相談を以前に受けたことがあります。調べてみると、ある自治体では登録そのものがＮＧ、別の自治体では登録はできるが２年間「未加入業者」として登録されるとのとでした。「未加入業者」として登録されるのは困るので、直近の定期受付は見送り、社会保険に加入した後の新年度が始まってすぐに、随時受付で登録を行なうこととしました。

少しでも早く登録するのがよいのか、入札で有利になるように登録するのがよいのかは、会社の状況や社長の判断によっても異なります。これを社長が１人で調べて決めるのはなかなか大変なので、経審と入札に詳しい行政書士の力を借りて進めることをおススメします。

社会保険料を滞納しているときの裏ワザ

すでにご存じの人も多いかもしれませんが、知っておくと何かの役に立つかもしれないので紹介しておきます。

たとえば、協会けんぽの健康保険と厚生年金保険を数か月滞納していたとしても、経審では何とか「加入あり」として評価を受けたいはずです。

そこで、滞納分を納めようとするわけですが、何となく、滞納している一番古い分から支払っていかなければならないと思っていませんか。ところが、健康保険と厚生年金保険は、実はそうではないのです。この場合、いつの分の保険料を納めるかを会社側で選択して納付することが可能です。

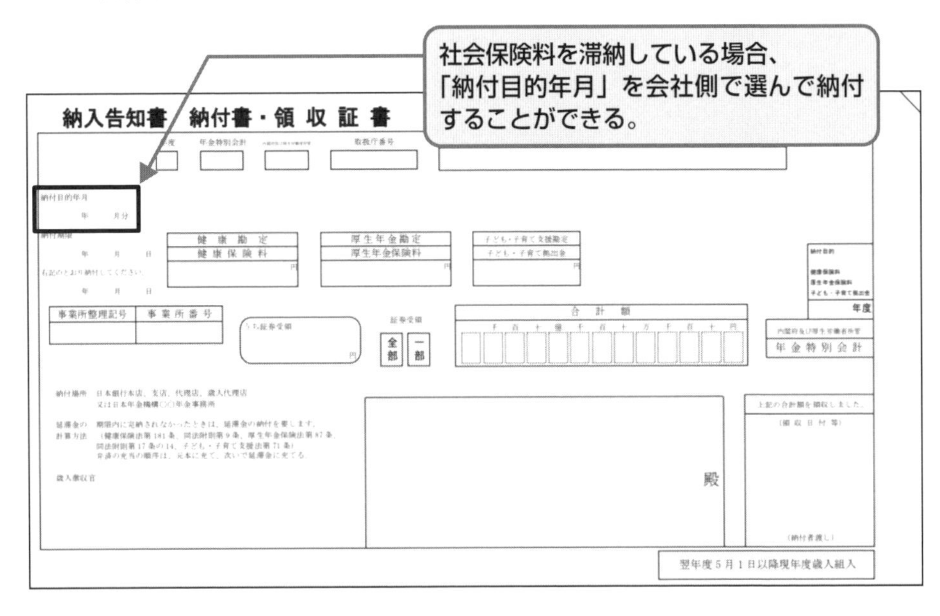

納入告知書　納付書・領収証書

年度　年金特別会計　取扱庁番号

納付目的年月
年　月分

納付期限
年　月　日

右記のとおり納付してください。
年　月　日

健康勘定
健康保険料
円

厚生年金勘定
厚生年金保険料
円

子ども・子育て支援勘定
子ども・子育て拠出金
円

納付目的
健康保険料
厚生年金保険料
子ども・子育て拠出金
年度

事業所整理記号　事業所番号

うち証券受領
円

証券受領
全部　一部

合計額
千　百　十　億　千　百　十　万　千　百　十　円

内閣府及び厚生労働省所管
年金特別会計

納付場所　日本銀行本店、支店、代理店、歳入代理店
又は日本年金機構○○年金事務所

延滞金の計算方法　期限内に完納されなかったときは、延滞金の納付を要します。
（健康保険法第181条、同法附則第9条、厚生年金保険法第87条、同法附則第17条の14、子ども・子育て支援法第71条）
弁済の充当の順序は、元本に充て、次いで延滞金に充てる。

歳入徴収官

殿

上記の合計額を領収しました。
（領収日付等）
（納付者渡し）

翌年度５月１日以降現年度歳入組入

極端な話、経審において審査行政庁が決算月分の領収証しか確認しない場合には、決算月の分だけを納付することで、経審での減点を免れることが可能です。

たとえば、9月決算の会社の場合、経審で「社会保険に加入あり」と認めてもらうためには9月分の社会保険料を納付している必要があります（行政によっては、前後の月やそれ以外の月まで確認するところもあります）。しかし、4月以降の業績が振るわず、4月分からの保険料を滞納している場合でも、経審を受ける期日は容赦なくやってきます。そんなときは、4～8月分の保険料は置いておいて、9月分の保険料を先に払うことができるのです。

なお、上記の対応は、健康保険については「協会けんぽ」であれば可能ですが、健康保険組合管掌の「組合健保」で同じことができるかについては、当該組合に確認いただくようお願いします。

3保険加入は、いずれ経審の評価項目から外れる？

令和2年10月に改正建設業法が施行され、3保険への加入は許可申請等の要件にもなりました。新規の許可申請はもちろんのこと、許可更新、業種追加や般特新規など既存の建設業許可業者が行なう各種申請においても、今後は3保険の加入が必須となります。ただし、令和2年10月1日時点での許可業者は、その時点で3保険に未加入であっても、その未加入を理由に、ただちに許可取消しということにはならず、次の許可更新の申請時まで3保険への加入が猶予されています。

現在、3保険加入は経審の評価項目になっていますが、上記の改正が経審にどう影響するのかが気になり、「3保険の加入が許可要件になったが、経審の評価項目の見直し（3保険を評価項目から削除）はしないのか？」と国土交通省に質問したところ、「現時点ではなし」との回答でした。

しかし、令和7年度にはすべての建設業許可業者が3保険加入業者（適用除外を含む）となることは確実です。そうなると、経審の評価項目については、まったく差がつかないことになるため、３保険加入は経審の評価項目から外れることは間違いないでしょう。その代わりに、どのような評価項目が入ってくるのかを考えてみるのもなかなか面白いものです。

手っ取り早く経審の点数を上げる方法：その１

【コスパ最強の中退共を活用する】

経審を初めて受けた社長から受ける質問で一番多いのが、「どうやったら経審の点数は上がるの？」という質問です。経審は５つの評価項目でできているので、少し時間がかかる方法もあれば、短期的な方法もあります。

そこで、経審の点数を手っ取り早く上げる方法を５つ紹介します。紹介する方法に共通するのは、決算日時点で加入しているか否か、つまり０か１かという社会性等（W）の評価のなかではコストパフォーマンス（コスパ）が高いのでおすすめです。

１つめの方法は、「**中小企業退職金共済**」（**中退共**）の活用です。

中退共は、国（正確には独立行政法人）が運営している中小企業向けの退職金積立制度で、月5,000円から掛金を選べ、自社の規模や従業員の勤続年数、貢献度に応じて自由に掛金を設計できるのが魅力です。また、本人の同意が必要ですが、会社が苦しくなったときは掛金を減額することも可能です。中退共を利用すると、経審では、社会性等の評価項目のうち「退職一時金制度または企業年金制度の有無」の項目で加点をもらうことができ、加点はW点で15点なので、P点換算だと19.6875点です。

【中小企業退職金共済ホームページ】

https://chutaikyo.taisyokukin.go.jp

中退共の加入手続きは、金融機関で申込書類をもらい、金融機関に提出します。そして、ここが重要なのですが、**金融機関に申込書**

を提出した日が契約成立日になるので、決算日ギリギリでも加入することができ、後日、経審で加点対象となる「加入証明書」（下図のサンプル参照）をもらうことができます。中退共はコスパもよいですが、この即効性も魅力の1つです。

ただし、加入証明書が発行できるようになるのは、「申込み→機構での審査→登録完了→共済契約者番号付与」という手続きを経た後になるため約1か月かかります。それだと、経審を受けるのに間に合わないのではないか、と不安に思われるかもしれませんが、どのみち確定申告を終えるまでには約2か月はかかります。したがって、決算日直前に中退共に加入しても、経審を受けるときには証明書を取得できているはずなのでご安心ください。

なお、経審に必要な中退共の加入証明書は、中退共のホームページからPDFでダウンロードできます。ホームページ左側にあるメニューのなかに「加入証明書交付」というバナーがありますので、そこから進んでください。このときに必要な情報は、共済契約者番号、郵便番号、電話番号、会社名（カタカナ）です。

以前は押印のある加入証明書の原本を提出または提示することが多かったのですが、現在はどこの行政庁でもダウンロードした加入証明書で認めてくれます。ただし、行政庁に

加　入　証　明　書

共済契約者名　株式会社

現　住　所　東京都　区東池袋

共済契約者番号　5 −　8

契約成立年月日　昭和　年　月　日

上記の者は中小企業退職金共済法に基づく退職金共済契約者であることを証明します。

令和　3年　1月　21日

発　行　者

東京都豊島区東池袋1丁目24番1号
独立行政法人
勤労者退職金共済機構
中小企業退職金共済事業本部長

よっては「カラー印刷したもの」という条件が付くこともありますので、ご注意ください。

経審の加点にもなり、会社の福利厚生にもなって、全額経費にもなるというメリットだらけの中退共ですが、社長にとっては１つだけ大きなデメリットがあります。それは、**退職金は退職者本人からの請求にもとづき、退職者本人に直接支払われる**という点です。

たとえば、悪いことをして会社に損害を与えて辞めていった従業員がいた場合、社長としては損害を補てんしてもらいたいはずです。退職金を会社から支給するのであれば、退職金を一度渡して、そこから損害を補てんしてもらうことも可能ですが（ただし、本人との間できちんとした合意は必要です）、中退共では退職者の銀行口座に直接振り込まれるためこれができません。

会社側では、退職者にいついくら支払われたかもわからないので、損害金を補てんしてほしい場合、社長の立場からは気持ちがよいものではありません。機構から直接、退職金を受け取れるのは従業員にとってはメリットですが、社長にとってはデメリットになる可能性があるわけです。この点をきちんと理解したうえで、中退共に加入することをおすすめします。

【生命保険を活用して自社の退職金制度をつくる】

中退共はメリットが多いわけですが、社長からするとちょっと釈然としないモヤモヤが残る部分があるのも事実です。そこで、中退共よりも少しコストはかかりますが、会社から支給する形の退職金制度を無理なく運用する方法を紹介しておきましょう。それは、**「生命保険」（定期保険）を活用する方法**です。

生命保険を法人で活用するというと、節税効果をうたって全額損金でありながら、解約返戻金が８割を超えるという保険商品が爆発的に売れて、国税庁から税制改正の通達が出るまでの騒ぎに発展したことは記憶に新しいかもしれません。

この通達の改正により、生命保険の最高解約返戻率によって、資

最高解約返戻率	資産計上期間	資産計上額
50%以下	全期間にわたり、資産計上不要（全額損金計上）	
50%超～70%以下（※）	保険期間開始から当初４割相当額まで	保険料×４割資産計上（６割損金計上）
70%超～85%以下		保険料×６割資産計上（４割損金計上）
85%超	（複雑なので本書では省略）	

産計上額は上表のように定められています。

簡単にいえば、経理処理がとても複雑になり、素人では理解しづらいしくみになりました。また、無条件で全額損金計上できるのは、最高解約返戻率が50％以下に限定されました。

ここで注目したいのは、上表の（※）の部分で、最高解約返戻率が50％超～70％以下の場合で、かつ被保険者１人当たりの年換算保険料合計額が30万円以下の場合には、保険料を全額損金計上することが例外的に認められています。

そこで、最高解約返戻率50％超70％以下で、かつ年間保険料30万円以下の定期保険を、従業員を被保険者、受取人は会社として加入します。すると、従業員の万が一のときの保障と定年退職時の退職金積立の両方を備えることができます。ただし、きちんと退職金規程を作成しておくことを忘れてはいけません。その退職金規程には、解約返戻金を全額従業員や遺族に支払うのではなく、支払額は返戻金の範囲内で収まるように規定しておく必要があります。

こうすることで、解約返戻金や死亡保険金等の受取人は法人となり、死亡保険金の一部は遺族に渡すとともに、残りの一部は会社の運転資金に活用できるようになります。また、予定よりも早期に退職してしまった従業員の場合には、退職金規程に則っていれば所定の勤続年数に達していないことを理由に、その従業員には退職金を支払わずに、解約した返戻金を全額法人の運転資金へ回すことも可能です。

なお、生命保険の代わりに、解約返戻金のない入院保険やがん保険、あるいは最近出てきた認知症保険なども、年間保険料が30万円以下であれば、同様に全額損金計上することができます。これも退職金規程が必要になりますが、これらの保険を法人名義で従業員に掛けておき、退職時には退職金の一部として譲渡することが可能な保険商品もあります。

長年勤めた従業員に対して、保険料の払込みはすでに済んでいて、退職後の病気へのリスクや入院に備えて会社から保険を譲渡できるというのは、従業員からすればとてもありがたい制度ではないかと思います。

このように、生命保険や入院保険などを活用することで、従業員の福利厚生や税金面でのメリットを多少なりとも受けながら、退職金が全額、従業員本人へ直接支払われるという、社長にとっての中退共のデメリットを解消することもできます。

手っ取り早く経審の点数を上げる方法：その2

【いつかは入ることになる建退共】

中退共と似た制度に「**建退共**」があります。正式名称は「**建設業退職金共済**」といい、文字どおり建設業界で働く人のための独自の退職金制度です。

建設現場で働く作業員や一人親方は、会社に所属せずに日によって働く現場が違うこともあり、退職金をもらうことができないため、それを業界的に支えようといった趣旨で設けられています。

経審では、当期の決算期間において建退共に加入し、履行していることを証明してもらうことで、初めて加点がもらえます。加入だけではなく、**「履行」していなければ加点にならない**ので注意が必要です。

公共工事を受注した場合、一定の金額以上になると、建退共の証紙を購入するように発注者からいわれるようです。理由は、建退共の証紙代が発注者の積算に含まれているからで、工事内容と工事総額に応じて、請負金額に一定の比率を掛けた金額分の証紙を購入することになります。

そのために、公共工事を受注している建設業者では証紙の在庫をたくさん抱えていることも珍しくありません。数百万円規模で余ってしまっている会社もあるくらいです。

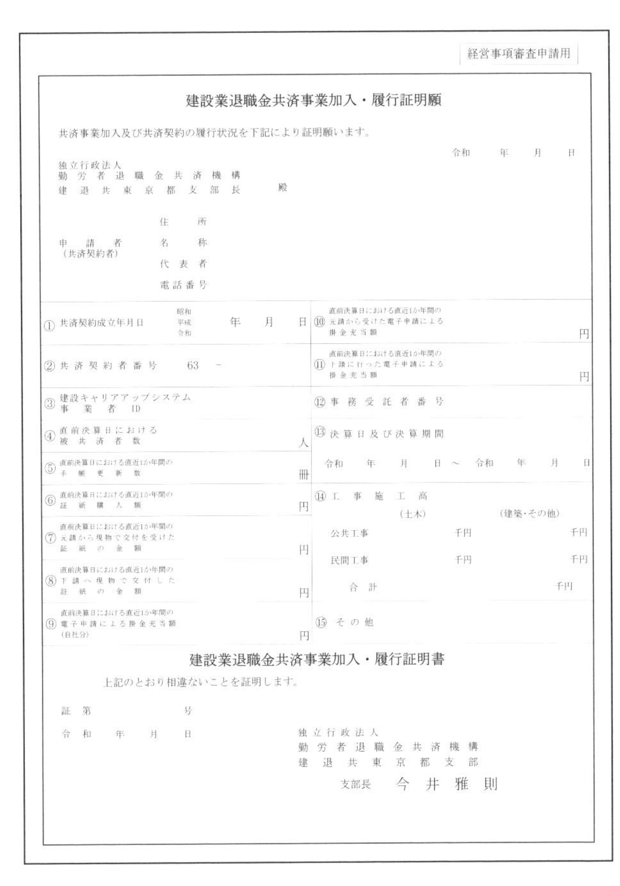

経営事項審査申請用

建設業退職金共済事業加入・履行証明願

共済事業加入及び共済契約の履行状況を下記により証明願います。

令和　　年　　月　　日

独立行政法人
勤労者退職金共済機構
建退共東京都支部長　　殿

申請者（共済契約者）
住所
名称
代表者
電話番号

① 共済契約成立年月日　昭和・平成・令和　年　月　日	⑩ 直前決算日における直近1か年間の元請から受けた電子申請による掛金充当額　円
② 共済契約者番号　63 －	⑪ 直前決算日における直近1か年間の下請に行った電子申請による掛金充当額　円
③ 建設キャリアアップシステム事業者ID	⑫ 事務受託者番号
④ 直前決算日における被共済者数　人	⑬ 決算日及び決算期間 令和　年　月　日 ～ 令和　年　月　日
⑤ 直前決算日における直近1か年間の手帳更新数　冊	
⑥ 直前決算日における直近1か年間の証紙購入額　円	⑭ 工事施工高
⑦ 直前決算日における直近1か年間の元請から現物で交付を受けた証紙の金額　円	（土木）　（建築・その他） 公共工事　千円　千円
⑧ 直前決算日における直近1か年間の下請へ現物で交付した証紙の金額　円	民間工事　千円　千円 合計　千円
⑨ 直前決算日における直近1か年間の電子申請による掛金充当額（自社分）　円	⑮ その他

建設業退職金共済事業加入・履行証明書

上記のとおり相違ないことを証明します。

証第　　号

令和　　年　　月　　日

独立行政法人
勤労者退職金共済機構
建退共東京都支部
支部長　今井雅則

しかも証紙は、金券ショップやフリマアプリ等で売却できないため、中小建設業者にとっては悩みのタネとなっています。

建退共は、建設業の現場で働く人であれば、国籍や職種を問わずほとんどすべての人が制度の対象者になることができます。加入労働者は、働いた日数に応じて１日320円の掛金を証紙で受け取り、自らの共済手帳に貼付して掛金を貯めていきます。

１冊の手帳は250日分（新規加入の場合は50日分の補助が付くので200日分）の証紙を貼ることができるので、１冊で80,000円分を貯められることになります。手帳が証紙でいっぱいになったら、建退共の事務局で手帳の更新を行ないます。250日分なので、「月21日勤務×12か月」(252日分)、つまり約１年で手帳の更新のタイミングになります。

経審等で使う加入履行証明書は、①会社が建退共の共済契約者となっており、②当期の決算期間内に証紙を購入したり、労働者や下請業者に証紙を交付したりして、適切に制度を履行していることが発行の条件となっています。

実は、この②がとても難しく、加入して証紙も購入しているのに証明書を発行してもらえない会社がたくさんあります。その理由としては、すでに中退共や自社退職金制度があるので建退共の証紙を購入しても行き場がないこと、下請業者に交付するにも下請業者も中退共に入っていたり、そもそも建退共の制度をあまり理解していなかったりすることがあげられます。

自社に加入者がおらず、下請業者ももらってくれないと、加入履行証明書は発行してもらえないので、なんとか１人でも自社で建退共加入者を用意して、建退共の証明書を毎年もらえるように維持していく工夫が必要になります。

令和３年３月から建退共の電子申請がスタートし、その後は建設キャリアアップシステムと連携することで、証紙のダブつき等が解消することが見込まれています。

この電子申請化に関連して、加入履行証明書の発行基準が令和４年度からは次ページのフロー図のようになりました（基準の詳細については、建退共のホームページでご確認ください）。

【建設業退職金共済事業本部ホームページ】

https://www.kentaikyo.taisyokukin.go.jp

ここまで読まれた社長は、実際のところ他社がどうしているのか気になるかもしれません。一番多いパターンとしては、現場に出ない人や現場監督は「中退共」に加入して、現場作業員や常用の人は「建退協」に加入するというのが一般的だと思います。なかには１

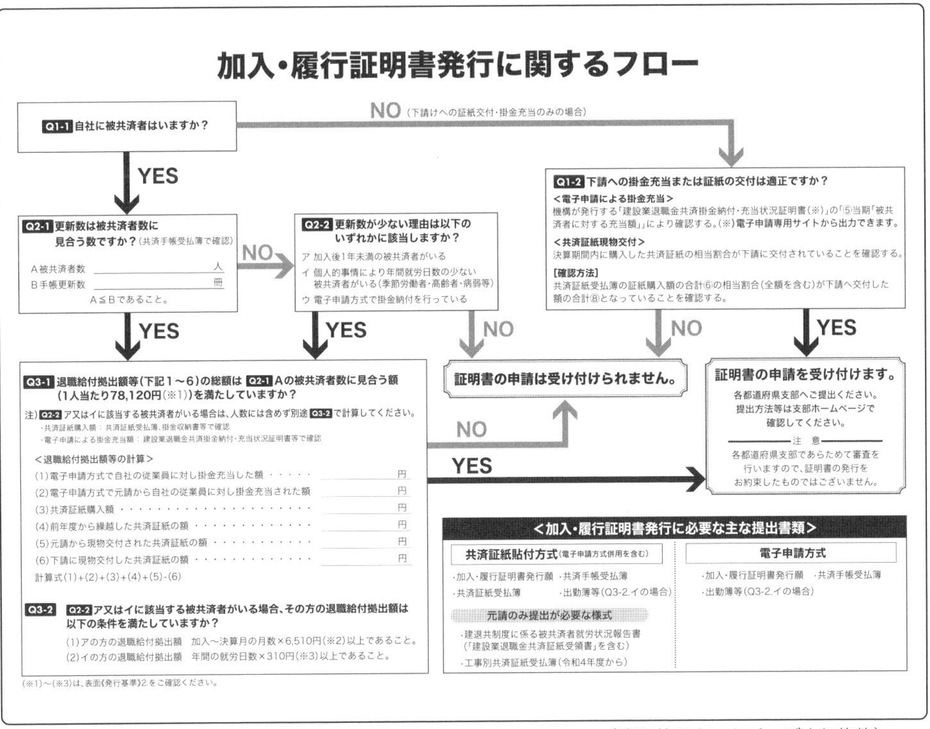

（建退共のホームページより抜粋）

人だけ建退共で残りは中退共とか、その逆パターンということもあり、それが正しい加入方法といえるのかどうかはさておき、同じ母体が運営しているにもかかわらず、それぞれの制度が従業員などにきちんと周知されていない、あるいは連携が取れていないことに根本的な課題があるように感じます。

なお、掛金で比較すると、中退共は月額5,000円から、建退共は月21日勤務として6,720円ということで、コストパフォーマンスではやはり中退共に軍配が上がります。したがって、全員を中退共に加入させたい気持ちもわかりますが、建退共による経審の加点も見過ごすことはできません。その場合は、前述のように両共済で棲み分けするのも１つの方法ですし、定年退職して嘱託で残ってくれる従業員や、定着するかわからない若手に建退共に加入してもらうというやり方も運用しやすいのではないかと思います。

手っ取り早く経審の点数を上げる方法：その３

【法定外労働災害補償制度の活用】

これは、中退共、建退共と違ってシンプルな方法で、審査基準日時点で、国の労働者災害補償保険（労災保険）に上乗せする形で条件を満たしている傷害保険や共済に加入している場合に加点されるのを活用する方法です。

この法定外労働災害補償として加点されるには、以下の４つの条件を満たす必要があります。

①業務災害と通勤災害を担保している
②死亡および障害等級第１～７級まで補償している
③自社従業員およびすべての下請負人の職員を対象としている
④申請者が施工する全工事を補償している

民間の保険会社で傷害保険や業務災害総合保険に加入している人が多い印象を受けますが、公益財団法人建設業福祉共済団の「建設共済保険」も利用されています。

民間の保険への加入を検討する際には、付き合いのある代理店に「経審で加点される保険を」と指定して話を進めるとよいでしょう。気をつけたいのは**保険料**です。一般的には、売上高方式（人数方式もあります）により年間保険料を算出するため、売上が大きい会社ほど保険料は高くなります。したがって、経審の加点のために入るというよりも、福利厚生と万が一のための備えとして加入し、加入したら経審の加点ももらえてラッキーというくらいに考えておくほうがよいと思います。

１章で確認資料についてざっと説明したときにも触れましたが、保険加入の有無は保険証券や共済加入者証で確認されます。保険会社によってまちまちですが、保険証券の備考欄等に経審で加点される４条件が網羅されている旨を記載しておいてもらうと、経審を受けるときに話がスムーズに進みます。

保険証券等だけではわからない場合は、保険会社から加入証明書をもらったり、約款で確認を取ったりすることもあります。また、保険証券等を経審の確認資料として使用する際には、高い確率で保険契約を更新しているため、1つ前の古い保険証券等が必要になります。更新すると、紛らわしいからといって更新前の保険証券を捨ててしまう場合が多いのですが、経審が終わるまでは捨てずに、保険証券の原本を大切に保管しておいてください。

手っ取り早く経審の点数を上げる方法：その4

【業界団体に加入して防災協定の加点をゲット】

国、特殊法人等または地方公共団体と、災害時における防災活動について定めた「**防災協定**」を締結していると、加点される対象になります。平成18年5月から審査項目に加わり、平成30年4月から現在の加点20点（P点換算で26.25点）に変更されており、その重要性は高まっています。

この項目で加点をもらっている会社は、95%以上が地域や専門工事の業界団体に加入して、その団体が役所と防災協定を締結しているケースです。直接、役所と防災協定を結んでいるケースは数えるほどしか見たことがありません。

どちらのやり方でもかまいませんが、役所と直接締結するのはハードルが高いので、手っ取り早く加点をもらいたいのであれば、業界団体への加入の一択です。

団体に加入するには、団体ごとに加入条件がありますので、ネットなどで探してコンタクトを取ってみてください。一般的には、会費がかかる（会社の売上や従業員数により変動することが多い）のは当然として、現会員の推薦が必要であることが多いです。

業界団体に加入すると、いろいろな付き合いも発生するでしょうし、売上が伸びてくると会費もけっこうな金額になるようですが、経審の加点もさることながら、役所と協定を結んでいる会社ということを、特に地元でブランドを育てていくうえで有効に活用していきたいところです。

手っ取り早く経審の点数を上げる方法：その５

【ミニショベルまたは軽のダンプ車を１台買おう】

建設機械の所有およびリースの数については、災害などの有事に備える必要性から、国や地方自治体が建設機械の保有台数を把握するために設けられた審査項目といわれています。そのためか、加点されるのは15台分までですが、申請書には評価対象となる建設機械の実数を記載することになっています。この審査項目では、１～15台まで加点される点数が、次のように決まっています。

台数	1	2	3	4	5	6	7	8・9	10・11	12・13	14・15
W点	5	6	7	8	9	10	11	12	13	14	15

以前は、１台につき１点という評価だったのですが、平成30年４月の改正により、１台目でも５点もらえるようになりました。中小建設業者にとっては、インパクトが大きい改正でした。

そもそもこの建設機械の審査項目については、土木系の会社であれば加点をある程度見込めますが、電気工事業や内装仕上工事業などの業種によっては、工事でまったく使わない建設機械ばかりが並んでいるため、不公平感が否めません。私見ですが、中小建設業者においては１～３台というところが多いのではないかと思います。そんななかで、１台目でも１点から５点に変わったことで、中小建設業者でも点数アップにつなげているところが増えています。

ただし、建設機械といっても、どんな機械でも対象になるわけではなく、次ページ表の９つに限定されています。令和５年１月の改正により対象になる建設機械が増えましたので、ぜひ押さえておきたいところです。

このなかで中小建設業者でも手をつけやすいのは２つです。１つは**ショベル系掘削機**です。大きさや容量の制限がないため、いわゆ

	建設機械の区分	例示および条件
1	ショベル系掘削機	ショベル、バックホウ、ドラグライン、クラムシェル、クレーンまたはパイルドライバーのアタッチメントを有するもの
2	ブルドーザー	自重が３トン以上のもの
3	トラクターショベル	バケット容量が0.4㎥以上のもの
4	モーターグレーダー	自重が５トン以上のもの
5	ダンプ車	ダンプ、ダンプフルトレーラ、ダンプセミトレーラ。土砂等の運搬に供されるもの
6	移動式クレーン	つり上げ荷重が３トン以上のもの
7	高所作業車	作業床の高さ２メートル以上のもの
8	締固め用機械	ロードローラー、タイヤローラー、振動ローラー、ハンドガイドローラー
9	解体用機械	ブレーカ、鉄骨切断機、コンクリート圧砕機、解体用つかみ機

る小型のユンボ（ミニショベル）でも対象になります。保有またはリースをしていればよいので、中古で十分です。中古であればミニショベルは数十万円から市場に出ているので、手が届く金額だと思います。

もう１つは**ダンプ車**です。令和５年１月の改正により積載量や重量の条件がなくなり、ハードルがグンと下がりました。土砂運搬が可能であるという条件は残っていますが、ショベル系掘削機と同様、軽のダンプ車でも評価対象となったのがとても大きいです。こちらもやはり中古であれば数十万円から出ているので、軽トラックの代わりに軽のダンプ車を使うなどして、建設機械の加点を積極的に取りにいきましょう。

いずれも業種によっては使う機会が少ない会社もあると思いますが、常時会社においておくことまでは求められていないため、長期でなければレンタルに出すことで賃料を生み出すことも可能です（経審では、所有または１年７か月以上の長期リース契約で加点されることを考えると、長期のレンタルに出すことは避けたほうがよいと思われます）。また、建設機械の審査においては、審査基準日から１年以内の日付の「**特定自主検査記録表**」や「**自動車検査証**」で、正常に動くことが確認されていなければなりません。ついつい検査を受けるのが遅くなり、決算日をまたいでしまって加点を逃すケースが毎年発生しています。

技術職員の資格の有効期限もそうですが、こういった期限管理を会社のなかできちんと「しくみ化」して、取りこぼしがないようにすることが大切です。

中小建設業者同士で差がつく項目はどれ？

「手っ取り早く経審の点数を上げる方法」を５つ紹介しましたが、ここで令和２年８月26日付けの「建通新聞」（東京版）の第一面に、「若年技術者の確保　中小ほど厳しい状況」という記事があったので紹介します。簡単に記事の内容を紹介するとともに、そこから見えてくる売上10億円以下の中小建設業者が優先的に取り組むべきＷ評点（その他の審査項目（社会性等））について検討していきます。

建通新聞独自の調査によると、完成工事高の規模が小さい建設業者ほど若年技術職員の育成・確保が難しくなっている状況が顕著なようです。東京都内に主たる営業所のある経審を受けている建設業者（知事許可・大臣許可とも）を対象に調査を行なったところ、「若

W評点の評価項目（一部のみ）	平均完成工事高（合計7,383者）			
	100億円以上（361者）	50～100億円（214者）	10～50億円（1,078者）	10億円未満（5,730者）
建退共	68.7%	57.0%	50.6%	45.0%
退職金・企業年金	97.5%	96.3%	88.9%	56.5%
上乗せ労災	65.4%	74.8%	74.5%	60.1%
防災協定	55.7%	36.0%	39.2%	42.5%
ISO9001	47.1%	36.9%	22.8%	4.1%
ISO14001	40.7%	21.0%	10.1%	2.0%
若年継続	34.6%	30.4%	24.3%	10.7%
新規若年	74.0%	63.6%	36.2%	9.4%

年技術職員の継続的な育成及び確保」の項目で加点を得ている建設業者の割合が、完成工事高100億円以上の会社では34.6％に対し、完成工事高３億円未満では14.7％にとどまり、さらに「新規若年技術職員の育成及び確保」では、完成工事高100億円以上の会社では74.0％なのに対し、完成工事高３億円未満ではわずか6.2％にとどまります。

記事では、これら以外の項目についても割合が掲載されていましたので、それを少し加工したものを前ページに掲載しておきます。

中小建設業者の割合は低いとは思ってはいましたが、こうして数字でみるとなかなか衝撃的です。しかし、この結果を見て「大きい企業はいいよなぁ」とボヤいているようでは困ります。この調査結果をぜひとも自社に活かしてほしいのです。

完成工事高10億円未満の中小建設業者でも加点を得ている業者数が多い項目は、①上乗せ労災、②退職金・企業年金、③建退共の順になっています。裏を返せば、これら３つは「ライバル会社も加入しているものと思え」ということです。

このうち１つ入っていないだけで経審の点数（Ｐ点）で約20点違ってきますから、それだけでライバルに差をつけられることになりますし、この約20点を技術職員数や経営状況分析（Ｙ点）で取り返すのはなかなか大変です。したがって、これらの項目で加点を得られていない会社は、まず加入を検討するとよいでしょう。

またISO9001とISO14001については、ここで加点を得られている中小建設業者はほとんどありません。ですから、ライバル会社に差をつけられるチャンスではあるのですが、個人的にはあまりISOはおススメしていません。以前と比べてだいぶ安くなったようですが、それでも毎年数十万円から100万円ほどの維持費がかかるようです。それでいて得られる加点は、Ｐ点換算で約７点なので費用対効果を考えるとあと回しでよいというのが個人的な見解です。

ここで着目したいのは、前述の建通新聞の記事のタイトルにもなっている「若年技術職員の継続的な育成及び確保」と「新規若年技術職員の育成及び確保」の項目です。この項目だけで考えれば加点は少ないのですが、技術職員としてのZ点で加点がもらえるのでセットで考えればP点も稼げます。また、人の問題は短期的に解決できるものではないため、若手であれば未経験から資格取得して一人前になるまで育てるという中長期的な取組みが必要になります。

中小建設業者では、資金的余裕や時間的余裕が少ないため、なかなかこれができずにいます。それゆえ、あえてここで勝負します。あえて若手の採用を積極的に行なう、育成についてきちんと計画を練る、会社のビジョンを共有するといったことに取り組んでみるのです。効果が出るのは少し先になるかもしれませんが、理想形としては、若手が若手を呼んできてくれるような企業風土をめざします。

資格取得で加点がもらえるのは現場だけではない

中小建設業者の経審の点数アップを考えるうえで、前述したように、「資格者の育成」は時間がかかるけれども確実な方法の１つです。これに加えてオススメしたいのが、現場ではなく事務の資格である建設業経理士試験（１級・２級）です。

資格者の育成というと、現場系の資格ばかりにフォーカスしがち

	公認会計士等数値（2級経理士は0.4人としてカウント）					
600億円	13.6以上	13.6未満 10.8以上	10.8未満 7.2以上	7.2未満 5.2以上	5.2未満 2.8以上	2.8未満
600億円 ～150億円	8.8以上	8.8未満 6.8以上	6.8未満 4.8以上	4.8未満 2.8以上	2.8未満 1.6以上	1.6未満
150億円 ～40億円	4.4以上	4.4未満 3.2以上	3.2未満 2.4以上	2.4未満 1.2以上	1.2未満 0.8以上	0.8未満
40億円 ～10億円	2.4以上	2.4未満 1.6以上	1.6未満 1.2以上	1.2未満 0.8以上	0.8未満 0.4以上	0.4未満
10億円 ～１億円	1.2以上	1.2未満 0.8以上	0.8未満 0.4以上			0
１億円未満	0.4以上					0
点数	10	8	6	4	2	0

ですが、実は中小建設業者においてこの建設業経理士試験は無視できない存在です。経審の告示と通知の表を合わせると前ページ表のような評点になります。ポイントは、年間平均完成工事高の合計との相対評価になっている点です。

売上10億円未満の中小建設業者においては、1.2人以上（１級１人と２級１人や２級３人でも可）で、この審査項目で満点（Ｐ点換算で13点）を取ることができ、２級１人だけでも0.4人換算で６点（Ｐ点換算で約８点）をもらうことができます。さらに売上１億円未満の場合には、２級１人だけで最大の10点をもらうことができます。これは、１級施工管理技士資格を持ち、監理技術者資格者証等を持っている技術職員に匹敵するくらいの加点になります。

したがって、現場に出ない経理や総務職の人にも、積極的に建設業経理士を取得してもらうように働きかけましょう。

なお、令和３年４月の改正により、この審査項目で評価される資格は次のように変わりました。

	改正前	改正後
１人としてカウント	公認会計士となる資格を有する者（公認会計士となるための登録を受けていることを要しない）	公認会計士であって、公認会計士法第28条の規定による研修を受講した者（公認会計士として登録されていることが前提）
	税理士となる資格を有する者（税理士となるための登録を受けていることを要しない）	税理士であって、所属税理士会が認定する研修を受講した者（税理士として登録されていることが前提）
	１級建設業経理士試験に合格した者（一度合格すれば、以降継続して経審で評価）	１級建設業経理士試験に合格した年度の翌年度の開始の日、または１級登録講習を受講した年度の翌年度の開始の日から、５年経過していない者
0.4人としてカウント	２級建設業経理士試験に合格した者（一度合格すれば、以降継続して経審で評価）	２級建設業経理士試験に合格した年度の翌年度の開始の日、または２級登録講習を受講した年度の翌年度の開始の日から、５年経過していない者

このように、すべての資格者に研修や講習の受講が義務づけられたため、ここでもまた資格の期限管理の重要性が増してきます。資格の更新などは本人任せにせず、会社としてきちんと期限管理を行なうとともに、研修や講習を受けやすい環境づくりを行なうことも重要です。

ＣＰＤ単位取得数と技能レベル向上者数に要注意

建設業法の改正により、同法第25条の27第２項で「建設工事に従事する者は、建設工事を適正に実施するために必要な知識及び技術又は技能の向上に努めなければならない」との努力義務が規定されました。これを受けて、この努力義務を経審で評価するものとして、前述の建設業経理士の講習受講とともに、令和３年４月から審査項目に加わったのが「ＣＰＤ単位取得数」と「技能レベル向上者数」（$W_{1\text{-}8}$）の項目です。

実は、これが本当に難しく、一度やっただけでは覚えられるものでもなく、きっと翌年度には忘れているのではないかと不安になります。この「$W_{1\text{-}8}$」全体の計算式を示しておくと次のとおりです。

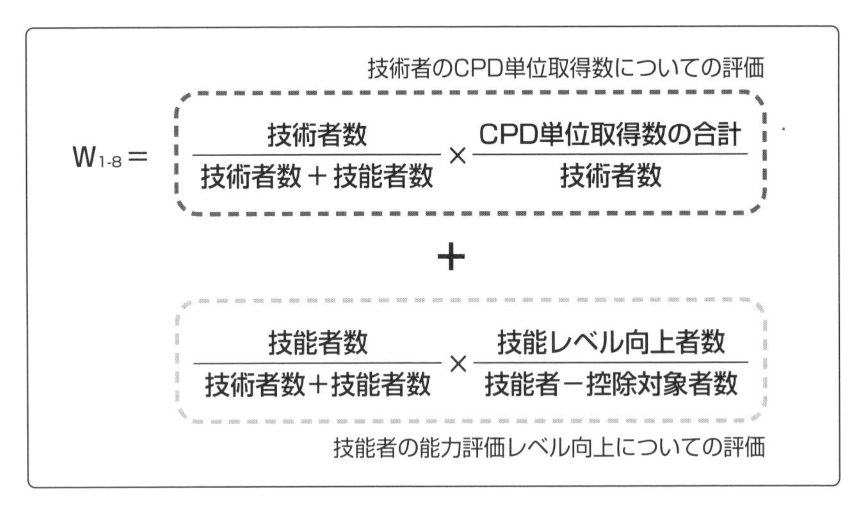

上記計算式は、技術者のＣＰＤ単位取得数についての評価と、技能者の能力評価レベル向上についての評価との２つで構成されてい

ます。

ここに出てくる「技術者」と「技能者」の違いを押さえておく必要がありますが、まず**技術者**とは次のように定義されています。

建設業法第７条第２号イ、ロもしくはハまたは同法第15条第２号イ、ロもしくはハに該当する者または１級もしくは２級の第一次検定に合格した者

別な言い方をすれば、監理技術者になれる人、主任技術者になれる人と１級・２級技士補（**施工管理技士試験の一次検定合格者**）ということができます。なお、技術者についての申請書類と確認資料は次のとおりです。

- **経審の申請書のうち別紙二「技術職員名簿」**
  …ここに記載した人は、すべて技術者としてカウントされます。
- **様式第４号「ＣＰＤ単位を取得した技術者名簿」**
  …技術職員名簿に記載のある人以外にＣＰＤ単位を取得した技術者（経審を受けない業種の技術職員や経審では加点対象となっていない２級技士補）がいる場合に提出します。
- **技術者の資格証・合格証、審査基準日現在の常勤性、６か月を超える恒常的な雇用関係があることが確認できる資料**

一方、**技能者**とは次のように定義されています。

審査基準日以前３年間に、建設工事の施工に従事した者であって、建設業法施行規則第14条の２第２号チまたは同条第４号チに規定する建設工事に従事する者に該当する者（ただし、建設工事の施工の管理のみに従事した者は除く）

わかりやすくいうと、審査基準日以前３年の間に、施工体制台帳の作成が義務づけられている特定許可が必要な工事および下請業者がいる公共工事において、元請・下請を問わず「作業員名簿」に名前が載っている人、ということができます。ただし、施工管理のみの人は対象外です。

なお、技能者についての申請書類と確認資料は次のとおりです。

- **様式第５号「技能者名簿」**
- **技能者の審査基準日現在の常勤性、６か月を超える恒常的な雇用関係があることが確認できる資料**
- **申請者が作成した建設業者または下請負人となった建設工事に関する施工体制台帳のうち作業員名簿**

技能者の確認をどのように行なうのかについては、行政により考え方が分かれています。

関東地方整備局では、「審査基準日時点で稼働している工事現場の施工体制台帳の作業員名簿」とあり、もし審査基準日時点で稼働している現場がない場合は、直近に竣工した工事のもので可としています。

また、「技能者名簿」に記載されている全員を「作業員名簿」で確認するところまでは求めておらず、「技能者名簿」に記載されている人が１人でも、「作業員名簿」で確認できれば、「技能者名簿」の全員について確認したものとみなして、運用しています。

一方、東京都では、「技能者名簿」に記載した技能者全員について「作業員名簿」の提出を求め、確認しています。ここで求められる「作業員名簿」は、審査基準日以前３年間に竣工した建設工事であればどの工事でもよく、技能レベル向上者が少ない場合にはできるだけ人数が少ない現場の「作業員名簿」を選ぶほうが得策です。

ほかには、「作業員名簿」を求めていない行政庁もあるなど、行政庁によって考え方が分かれているので、申請に際しては、自社が申請する行政庁にあらかじめ確認してください。

なお、ある現場では管理、別の現場では作業員というように、１人の技術者が技能者も兼務（二重カウント）できるのかという疑問

$$\frac{技術者数}{技術者数＋技能者数} \times \frac{CPD単位取得数の合計}{技術者数}$$

技術者は、
- 技術職員名簿の技術者
- 経審を受けない業種のため名簿に載っていない技術者
- 経審加点対象ではない2級技士補

をいいます。

技能者は、
- 作業員名簿に載っている技能者

をいいます。

$$CPD単位取得数 = \frac{取得した認定単位数}{告示別表第18の団体ごとの数値} \times 30$$

（例）Aさん
認定団体：（公社）空気調和・衛生工学会（告示別表第18の数値＝50）
CPD取得単位：20単位

AさんのCPD単位数＝20÷50×30＝12

（※）これを技術者全員について計算する。

ここの数値	得点
30	10
27以上30未満	9
24以上27未満	8
21以上24未満	7
18以上21未満	6
15以上18未満	5
12以上15未満	4
9以上12未満	3
6以上9未満	2
3以上6未満	1
3未満	0

が出てくると思います。念のため行政庁に確認してほしいところですが、多くの行政庁では問題ないとしているようです。

次に、W1-8のうちＣＰＤ単位取得数の計算についてですが、ＣＰＤ単位取得数の評価の全体像は上図のようになっています。

上図を理解するには、図にもある「告示別表第18」を確認する必要がありますが、それが右表です。

この表は、ＣＰＤ認定団体によってプログラムの内

告示別表第18

団体	数値
公益社団法人空気調和・衛生工学会	50
一般財団法人建設業振興基金	12
一般社団法人建設コンサルタンツ協会	50
一般社団法人交通工学研究会	50
公益社団法人地盤工学会	50
公益社団法人森林・自然環境技術教育研究センター	20
公益社団法人全国上下水道コンサルタント協会	50
一般社団法人全国測量設計業協会連合会	20
一般社団法人全国土木施工管理技士会連合会	20
一般社団法人全日本建設技術協会	25
土質・地質技術者生涯学習協議会	50
公益社団法人土木学会	50
一般社団法人日本環境アセスメント協会	50
公益社団法人日本技術士会	50
公益社団法人日本建築士会連合会	12
公益社団法人日本造園学会	50
公益社団法人日本都市計画学会	50
公益社団法人農業農村工学会	50
一般社団法人日本建築士事務所協会連合会	12
公益社団法人日本建築家協会	12
一般社団法人日本建設業連合会	12
一般社団法人日本建築学会	12
一般社団法人建築設備技術者協会	12
一般社団法人電気設備学会	12
一般社団法人日本設備設計事務所協会連合会	12
公益財団法人建築技術教育普及センター	12
一般社団法人日本建築構造技術者協会	12

容や取得にかかる時間数、難易度などがまちまちなので、そのバラつきを平準化するために認定団体ごとに数値が設けられています。ゴルフのハンディキャップみたいなものと考えると、わかりやすいかもしれません。

その計算式は、次のようになります。

$$\frac{\text{各技術者のＣＰＤ単位取得数}}{\text{告示別表第18による団体ごとの数値}} \times 30$$

（※「30」は固定の係数です）

たとえばＡさんが、告示別表第18の一番上にある「公益社団法人空気調和・衛生工学会」でＣＰＤ単位を20単位取得した場合、Ｂさんが別表の二番目にある「一般社団法人建設業振興基金」でＣＰＤ単位を６単位取得した場合は、それぞれ次の計算式で単位数を計算します。

【Ａさん】

$$\frac{\text{20単位}}{\text{50（告示別表第18による団体ごとの数値）}} \times 30 = \text{Ａさんの取得単位数は12}$$

【Ｂさん】

$$\frac{\text{６単位}}{\text{12（告示別表第18による団体ごとの数値）}} \times 30 = \text{Ｂさんの取得単位数は15}$$

これを各技術者ごとに計算して、その合計値を技術者数で割算します。ここでは、ＡさんとＢさんの技術者２名だけとすると、

$$\frac{\text{CPD単位数取得数27（Ａさん12＋Ｂさん15）}}{\text{技術者数２（ＡさんとＢさんの２名）}} = 13.5$$

と計算し、前ページ上図の右端にある得点表に当てはめると、得点は「４」となります。

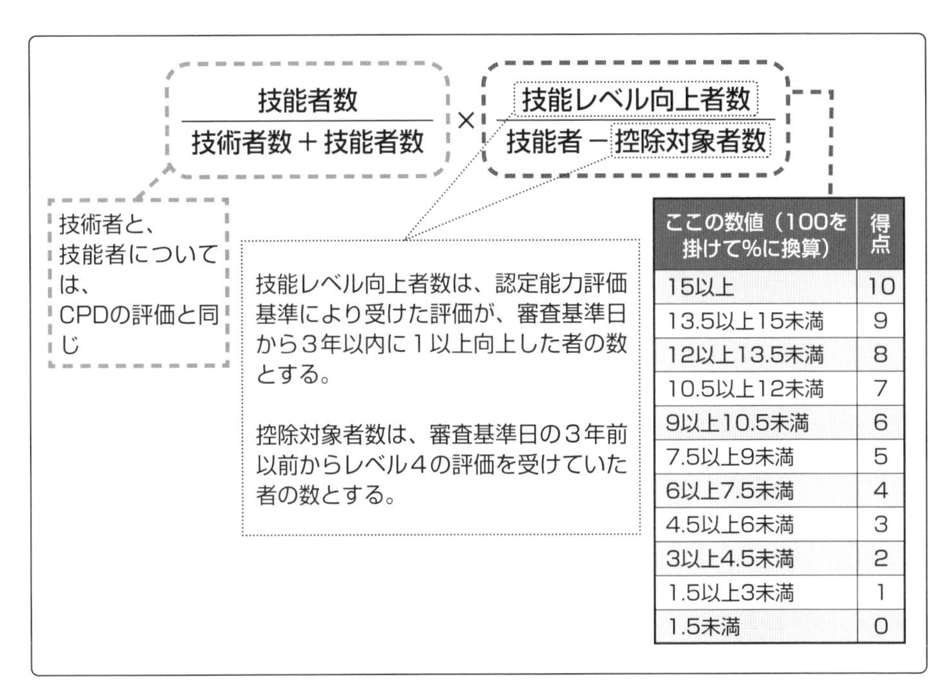

ここの数値（100を掛けて%に換算）	得点
15以上	10
13.5以上15未満	9
12以上13.5未満	8
10.5以上12未満	7
9以上10.5未満	6
7.5以上9未満	5
6以上7.5未満	4
4.5以上6未満	3
3以上4.5未満	2
1.5以上3未満	1
1.5未満	0

なお、ＣＰＤの単位取得数は、審査基準日以前１年以内に取得したものが対象です。単位については、ＣＰＤ認定団体から証明書を発行してもらってください。ＣＰＤについては、入札参加登録の際に主観的審査項目として独自に加点を設けている発注者もあるので、経審と入札参加登録で加点の二重取りができるため、お得感があります。

次に、W_{1-8}全体の計算式の後段にある、技能者の能力評価レベルの向上についての評価の全体像は上図のようになっています。

ここで対象となっている能力評価制度は、建設キャリアアップシステム（ＣＣＵＳ）に登録された保有資格や現場の就業履歴などを活用し、技能者１人ひとりの経験や、知識・技能、マネジメント能力を正しく評価しようという制度です。

「W_{1-8}」においては、業種を問わず能力評価基準のレベルが向上していれば加点がもらえます。しかし、令和５年７月現在、能力評価基準は工種ごとに40職種に分類されており、レベル３、レベル４の技能者はそれぞれの登録工種に対応した建設業許可業種の技術職員として「Ｚ」においても加点されます。

つまり、ＣＣＵＳの技能者登録を最初に行なう段階から、どの職種の技能者として登録するのか、現場での就労日数についても職種がきちんと登録されているのかについて、常日頃から気をつけて運用する必要があります（「認定能力評価基準と当該各基準に対応する建設業」については、国から発表されている資料で確認してください）。

たとえば、技能者について次のような場合に、計算結果がどうなるのかを見ていきましょう。

氏名	レベル向上	３年前のレベル	技能レベル向上者数	控除対象者数
B	無	レベル4	1	1
C	無	レベル2		
D	有	レベル1		

Ｂさんは、先ほどは技術者として登場しましたが、ここでは技能者としてもカウントしています。技能レベル向上者数はＤさん１名、控除対象者数はＢさん１名なので、「技能レベル向上者数／技能者－控除対象者数」の計算式に当てはめると、

$$\frac{\text{技能レベル向上者数（Dさん1名）}}{\text{技能者（B・C・Dさん3名）}-\text{控除対象者数（Bさん1名）}}=\frac{1}{2}=50\%$$

となり、これを249ページ図の右端の得点表に当てはめると得点は「10」となります。

先ほど計算したＣＰＤ単位取得数の得点「４」と、いま計算した能力評価レベル向上者率の得点「10」を、$W_{1\text{-}8}$全体の計算式に当てはめると、次ページ上図のようになります。

つまり、「$W_{1\text{-}8}$」は次のように計算します。

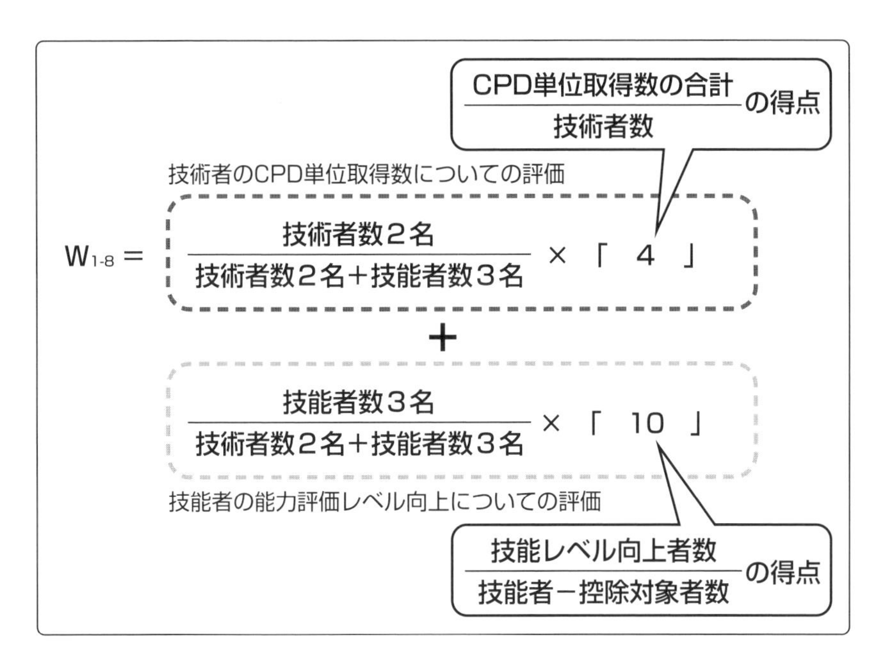

$$W_{1\text{-}8} = \frac{2}{5} \times 4 + \frac{3}{5} \times 10 = 1.6 + 6 = 7.6$$

この$W_{1\text{-}8}$の計算式で求められた数字を、右の「$W_{1\text{-}8}$の評点表」に当てはめると、「7.6」は「７以上８未満」に区分されることから、$W_{1\text{-}8}$の評点は７点となります。

$W_{1\text{-}8}$の計算式で求めた数値	$W_{1\text{-}8}$評点
10	10
9以上10未満	9
8以上9未満	8
7以上8未満	7
6以上7未満	6
5以上6未満	5
4以上5未満	4
3以上4未満	3
3以上3未満	2
1以上2未満	1
1未満	0

以上のように、とても複雑な確認と計算をすることになりますが、ＣＰＤ単位取得数も能力評価レベル向上者数も、中小建設業者においては比較的取り組みやすい項目ということができます。

普及するまでにはまだまだ時間はかかりそうですが、能力評価における就労日数の部分は早めに取り組めば取り組むほど有利になります。

5-5 令和５年１月改正による新しい評価項目と電子申請

令和５年改正により、現状維持は“後退”である！

令和５年は１月と８月の２回にわたり、経審の改正がありました。まずはそれがどんな改正であったか、確認しておきましょう。

①【新設】ワーク・ライフ・バランス（ＷＬＢ）に関する取組みを評価
②【新設】建設工事に従事する者の就業履歴を蓄積するために必要な措置の実施（ＣＣＵＳの取組み）状況（８月改正）
③加点になる建設機械の拡大・追加（238ページ参照）
④ＩＳＯに加えて「エコアクション21」を加点対象に追加
⑤Ｗ点の総合評定値算出係数の改正

新設された内容については、このあとで解説していきますが、まず覚えておいてほしいのは、今回の改正により、**現状維持は“後退”**である、ということです。その理由を説明しましょう。

項目区分		ウエイト	令和３年４月１日～令和４年12月31日 最高点 / 最低点	P点換算最高点 / P点換算最低点		令和５年１月１日～８月13日 最高点 / 最低点	P点換算最高点 / P点換算最低点
経営規模	X1	0.25	2309	577.25		2309	577.25
			397	99.25		397	99.25
	X2	0.15	2280	342		2280	342
			454	68.1		454	68.1
経営状況	Y	0.2	1595	319		1595	319
			0	0		0	0
技術力	Z	0.25	2441	610.25		2441	610.25
			456	114		456	114
その他審査項目（社会性等）	W	0.15	2061	309.15	➡	2109	316.35 ➡
			-1995	-299.25		-1995	-299.25
総合評定値	P			2,158			2,165
				-18			-18

今回の改正でＷ点の評価項目が２つ追加され、Ｗ点の最高点は最大217点から237点に、20点（従来のＰ点換算で28.5点）もアップすることになりました。

令和３年４月の改正においても、ＣＰＤ単位数と技能レベル向上者数の評価項目をＷに追加したばかりなので、これも合わせると合計で30点（従来のＰ点換算で42.75点）も、ここ２年でＷ点が増大していることになります。

これではＰ点に占めるＷ点のウエイトが、大きくなりすぎてしまいます。そこで、ほかの評点とのバランスを考慮して、上記②が加点対象となる審査基準日が令和５年８月14日以降の経審より、Ｗの点数からＷ評点の算出に用いる係数を次のように変更することとなりました。

●改正前（令和５年８月13日以前）
…Ｗ評点＝Ｗの点数×1,900/200
●改正後（令和５年８月14日以降）
…Ｗ評点＝Ｗの点数×1,750/200

ちなみに、令和３年４月以降の各評点の最高点と最低点の移り変わりを下表にまとめてみました。Ｗ以外の評点はずっと変わらず、Ｗ評点だけが変動しているのがよくわかります。

	令和５年８月14日～	
	最高点	Ｐ点換算最高点
	最低点	Ｐ点換算最低点
	2309	577.25
	397	99.25
	2280	342
	454	68.1
	1595	319
	0	0
	2441	610.25
	456	114
	2074	311.1
	-1837	-275.55
		2,160
		6

（2309～114の行：一切変更なし／2074・-1837の行：Ｗだけ点数調整）

左表では、Ｐ点換算で５点しか変わらない、令和３年４月改正時からはむしろ２点増えているように見えますが、これはあくまでも新設された評価項目でも加点が取れ、Ｗ点が満点だったときの話です。一例として、次の建設業者の場合でその影響を具体的に見てみましょう。

	W点	改正前の W評点	改正前の P点換算	改正後の W評点	改正後の P点換算
退職一時金制度もしくは企業年金制度導入の有無	15	142.5	21.375	131.25	19.6875
法定外労働災害補償制度加入の有無	15	142.5	21.375	131.25	19.6875
営業年数	60	570	85.5	525	78.75
二級登録経理試験合格者の数1名(平均工事高10億円未満)	6	57	8.55	52.5	7.875
合計	96	912	137	840	126

※何もしないでいると、11点もP点が下がる！

この会社では、退職一時金制度と法定外労働災害補償制度で15点の加点をもらっていますが、改正前はそれぞれＰ点換算で21.375点だったものが、改正後は19.6875点に下がっています。それ以外の評価項目でも、同様に係数の縮小の影響を受けており、合計を見てみるとＰ点換算で137点→126点と、実に11点もの点数減少となっています。このまま何もしないでいると、他の項目がすべて改正前と同じだったとしても、Ｐ点は11点下がることになるのです。

中小建設業者においては、新設されたＷＬＢとＣＣＵＳで加点するのはハードルが高いという人が多いと思います。したがって、**現状維持は“後退”**となるわけです。

では、この点数減少をどうやって補えばよいのでしょうか？

新設されたＷＬＢの加点をめざして「えるぼし」「くるみん」「ユースエール」の認証を取得するのもよし、これを機にＣＣＵＳに本腰を入れるのもよし、既存のＷの評価項目から取り組むのもよし、Ｗ以外の項目で補うもよし…、いずれを選択するかは会社の状況によって変わってくると思います。

点数が下がるのをただ指をくわえて見ているのではなく、点数を補うために自社でできることはないか、どうしたら点数が補えるのかを、２章で紹介した「逆算思考」と「課題の細分化」を、ここでも活用して考えてほしいと思います。

なお、W点での加点を考える際には、次の式でＰ点に換算することができますので、覚えておくとよいでしょう。

改正前：Ｐ点＝Ｗの点数×1,900/200×0.15＝Ｗの点数×1.425
改正後：Ｐ点＝Ｗの点数×1,750/200×0.15＝Ｗの点数×1.3125

改正①：ワーク・ライフ・バランス（ＷＬＢ）の取組み状況

さて、ここからは令和５年１月と８月の改正内容について見ていきましょう。前述したように、点数減少を補うためにも、最新の改正内容は押さえておきたいところです。

252ページにあげた改正事項のうち、「③建設機械の拡大・追加」は238ページですでに触れているため、また「④エコアクション21の追加」はＩＳＯに準じるため、ここでは省略します。

①の「**ワーク・ライフ・バランス**」（ＷＬＢ）という言葉は、広く社会にも定着した感がありますが、特に建設業界においては、残業時間の短縮、完全週休２日制への取組み、女性活躍（男女共同参画）といった観点からは遅れている業界といわざるをえません。まさに、「言うは易く行なうは難し」ではないかと思います。

国は、平成28年に「女性の活躍推進に向けた公共調達及び補助金の活用に関する実施要領」を決定・発出しており、ＷＬＢの取組み状況を入札参加登録の主観的審査の評価項目として採用している発注者も多々ありましたが、改正後は経審の評価項目として新たに加わることになりました。国の政策的な観点と、申請者・発注者双方の事務的負担軽減という観点からの改正といえます。

ＷＬＢの取組み状況として評価されるのは、次ページ上の３つの認定です。

●**えるぼし認定**＝一定基準を満たし、女性の活躍促進に関する状況などが優良な企業を認定する制度
●**くるみん認定**＝一定の基準を満たした仕事と子育ての両立支援に取り組んでいる企業を認定する制度
●**ユースエール認定**＝若者の採用・育成に積極的で、若者の雇用管理の状況などが優良な中小企業を認定する制度

それぞれの認定基準については、厚生労働省のホームページを参照いただき、本書では割愛しますが、この３つの認定制度は前述の主観的審査での加点のほかにも、日本政策金融公庫から低利融資が受けられたり、人材確保・定着に役立つ等のメリットもあります。

また、肝心の経審における点数は、下表のとおり、認定内容によってＷ点で２～５点（Ｐ点換算で2.625～6.5625点）の加点となっています。

根拠法	認定の区分	Ｗ点の配点	Ｐ点換算	認定企業数（著者調べ）
女性活躍推進法	プラチナえるぼし	5	6.5625	40
	えるぼし（第３段階）	4	5.25	1,528
	えるぼし（第２段階）	3	3.9375	697
	えるぼし（第１段階）	2	2.625	10
次世代育成支援対策推進法	プラチナくるみん	5	6.5625	549
	くるみん	3	3.9375	4,127
	トライくるみん	3	3.9375	1
若者雇用促進法	ユースエール	4	5.25	1,030
			延べ合計	7,982

上表で注目してほしいのは、「認定企業数」の欄です。日本国内には、株式会社等の普通法人や協同組合等を合わせて約300万社の法人がありますが、３つの認定制度を合計しても延べ約8,000社しか取得していません。

認定企業は検索できるのでそれを見てみると、大企業が多く、中

小企業はまだまだ少ないのが現状です。また、○○建設や○○工業といった建設業専業と思われる会社名はさらに少ない印象です。

経審業者が約14万者あることを考えると、同業他社の取得率は高くないので、経審対策の優先度としてはかなり後回しでよいでしょう。

さらにいえば、えるぼし認定・くるみん認定は、２～５年の一般事業主行動計画を策定して、管轄の労働局に届出をする必要があります。つまり、いまから認定取得に取り組んでも、経審で加点をもらえるようになるのは最短で３年後です。費用対効果や加点までの期間を考えると、経審のために認定を受けるのは得策とはいえません。

強いてあげるとすれば、３つの認定制度のなかではユースエール認定が比較的取り組みやすいと思いますので、若手社員の離職率が低い会社、有休取得率が高い会社、育児休業取得率が高い会社は、トライしてみるとよいかもしれません。

最後は半分グチになってしまうのですが、これら３つの認定は制度としてはすばらしい制度だと思うのですが、これって経審で評価すべきことなのでしょうか？　たとえば、くるみん認定を取得している企業において、女性の技術職員が育児休業を取得すると、技術職員として経審上の加点がもらえないという矛盾が生じているというケースも報告されています。

国の政策に引っ張られすぎて、「経営規模等評価」の本来的な趣旨がないがしろにされていることに、私は危機感を覚えます。

改正②：ＣＣＵＳの取組み状況

令和５年の改正により新設されたもう１つの評価項目が、「ＣＣＵＳの取組み状況」についてです。普及のためにはこれが一番早いと思っていましたので、“あぁやっぱりそうなったかぁ”というのが正直な感想です。

審査対象工事 ①～③を除く審査基準日以前1年以内に発注者から直接請け負った建設工事

① 日本国内以外の工事
② 建設業法施行令で定める軽微な工事 〔工事一件の請負代金の額が500万円(建築一式工事の場合は1,500万円に満たない工事 建築一式工事のうち面積が150m²に満たない木造住宅を建設する工事〕
③ 災害応急工事 〔防災協定に基づく契約又は発注者の指示により実施された工事〕

該当措置 ①～③のすべてを実施している場合に加点

① CCUS上での現場・契約情報の登録
② 建設工事に従事する者が直接入力によらない方法※でCCUS上に就業履歴を蓄積できる体制の整備
③ 経営事項審査申請時に様式第6号に掲げる誓約書の提出

※直接入力によらない方法
就業履歴データ登録標準API連携認定システム（https://www. auth.ccus.jp/p/certified ）により、入退場履歴を記録できる措置を実施していること等

加点要件	評点
審査対象工事のうち、民間工事を含む全ての建設工事で該当措置を実施した場合	15
審査対象工事のうち、全ての公共工事で該当措置を実施した場合	10

※ただし、審査基準日以前1年のうちに、審査対象工事を1件も発注者から直接請け負っていない場合には、加点しない

（国土交通省『経営事項審査の主な改正事項』より抜粋）

こちらは、令和５年８月14日以降を審査基準日とする申請から適用されるので、一般的には令和５年８月末決算の会社から対象となります。

ＣＣＵＳ（建設キャリアアップシステム）は、技能者１人ひとりの就業実績や資格を登録し、技能の公正な評価、工事の品質向上、現場作業の効率化などにつなげるシステムです。元請業者から求められて登録した人も多いと思います。担い手の育成・確保のための取組みとして評価項目に加わり、経審においては取組み状況によって上の図のとおりに加点されます。

単にＣＣＵＳの事業者ＩＤを持っているだけでは加点されず、審査対象工事のうち民間工事を含むすべての工事で実施できていたらＷ点で15点（Ｐ点換算で19.6875点）、審査対象工事のうちすべての公共工事で実施できていたらＷ点で10点（Ｐ点換算で13.125点）と、とてもインパクトの大きな評価項目になっています。

ただし気をつけなければいけないのは、**取組み開始時期**です。

審査基準日以前１年以内に元請で請け負った工事が対象となっているため、たとえば３月末決算の会社が令和５年８月からＣＣＵＳに取り組んだとしても、令和６年３月決算の経審においては加点がもらえず、令和７年３月決算の経審からしか加点対象にはなりません。

経審への影響を考えると、加点を取り始める年度が始まる前にＣＣＵＳの事業者登録を済ませ、現場でのカードリーダー設置やアプリによる現場運用を年度初めから開始している必要があります。この点は十分にご注意ください。

経審の申請の際に提出する資料としては、「建設工事に従事する者の就業履歴を蓄積するために必要な措置を実施した旨の誓約書及び情報共有に関する同意書」（様式第６号）のみです。本様式により、ＣＣＵＳを運営している一般財団法人建設業振興基金に審査対象工事の件数などが情報共有されることとなっています。

調査方法等は明らかになっていませんが、抜き打ちで調査されることがあるかもしれません。調査に当たってしまって、もしＣＣＵＳに登録すべき工事が漏れていた場合には、虚偽申請として処分される可能性もあります。この項目で加点をもらうか否かは慎重に確認・判断されることをおススメします。

ＣＣＵＳが加点対象になる話が出た当初は、軽微な工事も含めてすべての工事を対象にするという話もありました。しかし、それはさすがにやりすぎではないかということで回避されました。

それでもまだ、中小建設業者にとってはハードルが高いように感じます。私としては、公共工事を年に数件程度請け負っている建設業者が10点の加点をもらいにいくというのが現実的なところかなと見込んでいます。

最後に、本書をお読みいただいている方は大丈夫だと思いますが、バレなきゃよいという精神で「誓約書及び同意書」を提出して、イチかバチかで加点をもらうような行為は厳に慎んでください。

当然ながら、虚偽申請として重い処分が待っています。客観的評価である経審の評価項目を、“正直者がバカを見る”ような形で加点対象にするのが、そもそも間違っていると私は思っていますが、虚偽申請は公正かつ公平な入札制度を脅かすものです。絶対にやってはいけません。

電子申請（ＪＣＩＰ）について知っておこう

令和５年１月10日から「**建設業許可・経営事項審査電子申請システム**」（通称ＪＣＩＰ）が始まりました。

それまで行政庁の窓口に出向いたり郵送したりしていた各種申請・

◎電子申請のメリット・デメリット◎

電子申請のメリット	電子申請のデメリット
●メンテナンス時間を除き、基本的に24時間365日、手続きができる ●確認資料の原本提示を求めている行政庁でも電子申請の場合はＰＤＦで可としているところが多い ●電子申請の場合、経審結果通知書を電子データで受領することができる（行政庁による） ●バックヤード連携により、国税の納税証明書、登記簿謄本、資格証を用意しなくてよい	●ＧビズＩＤを持っていない場合、ＩＤを取得するところから手続きが必要 ●最初の申請はデータを入力する必要があり、手間がかかる ●確認資料のＰＤＦ化が面倒くさい ●行政庁の受領印を押した申請書副本が手元に残らない ●都道府県独自の様式には対応していない ●**許可申請・届出においては、電子申請をすると電子閲覧に供される**

届出（一部を除く）が、インターネットを使って24時間365日いつでも提出できるようになりました。

令和５年７月現在で、東京都、大阪府、兵庫県、福岡県の４都県の知事許可が未対応ですが、東京都は令和５年中に対応するので、そこから一気に利用率が上がることが期待されます。

国は、いまのところ紙の申請・届出をなくすことは考えていないので、電子でも紙でも申請者の都合のよいほうで申請することができます。

したがって、行政庁は嫌がるかもしれませんが、経審においては年度ごとに電子申請か紙申請かを選択することも可能です。

電子申請のメリット・デメリットは前ページ表のとおりです。

経審の申請書類は閲覧対象ではないので、あまり気にしなくてよいのですが、ＪＣＩＰで電子申請を行なうと、電子閲覧の対象になるということはぜひ覚えておいてください。国からこの点についてあまり周知されていないので、本書では注意喚起のためにあえてお伝えしておきたいと思います。

いままでも、申請書類や決算変更届等の届出書類は閲覧に供されていました。しかし、都道府県庁等まで行かなければならない、300円前後の手数料を払わなければならない等の物理的・心理的なハードルがありました。

電子閲覧になるとこういったハードルがなくなり、誰でもいつでもパソコンから申請書類や届出書類を見ることができるようになります。ＪＣＩＰによる申請にあたっては、電子閲覧に出してもよい情報・出したくない情報を十分に吟味したうえで上手に活用するようにしてください。

さて、ここからは、経審を自社で手続きしている建設業者のために、ＪＣＩＰを使った電子申請の大まかな流れを説明します。まず、電子申請の流れは次ページ上図のとおりです。

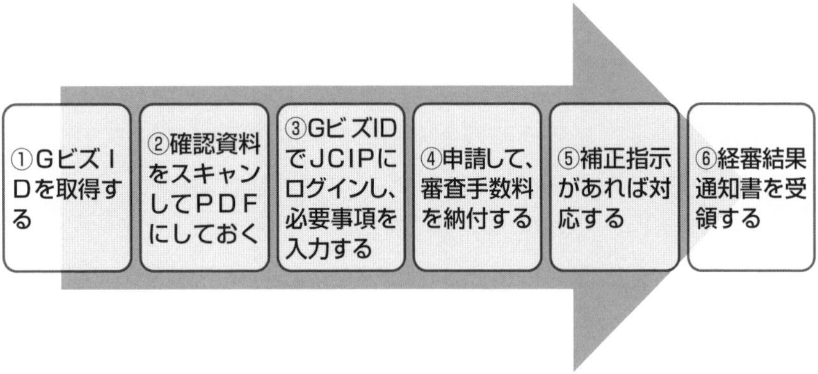

①GビズIDを取得する → ②確認資料をスキャンしてPDFにしておく → ③GビズIDでJCIPにログインし、必要事項を入力する → ④申請して、審査手数料を納付する → ⑤補正指示があれば対応する → ⑥経審結果通知書を受領する

行政庁によっては、技術職員の確認を外部に委託しているところや、紙申請と同様に対面で資料の確認を行なうところもありますので、あくまでも一般的な流れとしてご理解ください。

図の流れに沿って解説を加えると、以下のとおりです。

【①GビズIDを取得する】

「**GビズID**」は、1つのID・パスワードでさまざまな行政サービスにログインできるサービスです。

一度取得すると、有効期限や更新の必要はありません。ただし、1点気をつけたいのは、**会社の代表者が代わった場合**です。この場合、後任の代表者が新たにIDを取得して、前任の代表者から同一法人番号のアカウント情報を引き継ぐ手続きが必要になります。

GビズIDには3種類（プライム、エントリー、メンバー）がありますが、JCIPの電子申請で必要なのは「**GビズIDプライム**」です。

GビズIDプライムであれば、各種補助金申請や住宅瑕疵担保履行法にもとづく届出などにも対応しているので、特に理由がなければ「エントリー」ではなく「プライム」を持っておくほうがよいでしょう。

なお、「GビズIDメンバー」は従業員用ですので、GビズID

プライムを取得したあとに必要であれば取得してください。

ＧビズＩＤの申請に必要なものは、次の３点です。

- ＳＭＳ受信用のスマートフォンまたは携帯電話
- 印鑑証明書（法人の場合は法人のもの、個人事業の場合は個人のもの）
- 実印（法人の場合は会社実印、個人事業の場合は個人実印）

これらを用意したら、パソコンで次のＵＲＬから申請書の作成を行ないます。

＜ＧビズＩＤのホームページ＞

https://gbiz-id.go.jp/top/

必要事項を入力して申請書を作成して印刷したら、申請書に実印を捺印して、申請書と印鑑（登録）証明書を合わせてＧビズＩＤ運用センターへ郵送します。

電子申請のために必要なＩＤなのに、紙で申請するというところがシュールですよね。不備がなければ、おおむね１、２週間程度で審査完了メールが届くので、パスワードを登録すればＧビズＩＤの登録完了です。

【②確認資料をスキャンしてPDFにしておく】

いよいよ電子申請の準備です。

ＪＣＩＰによる電子申請に備えて、各種保険の領収証、標準報酬決定通知書や工事の裏付け資料など、経審で求められている確認資料を事前にスキャンしてＰＤＦにしておきましょう。

このときに、たとえば「技術職員の資格等を証明する資料」をＪＣＩＰ上で添付するときは、複数の資格証を１つのＰＤＦファイルにまとめなければならないのですが、とりあえずＰＤＦがバラバラ

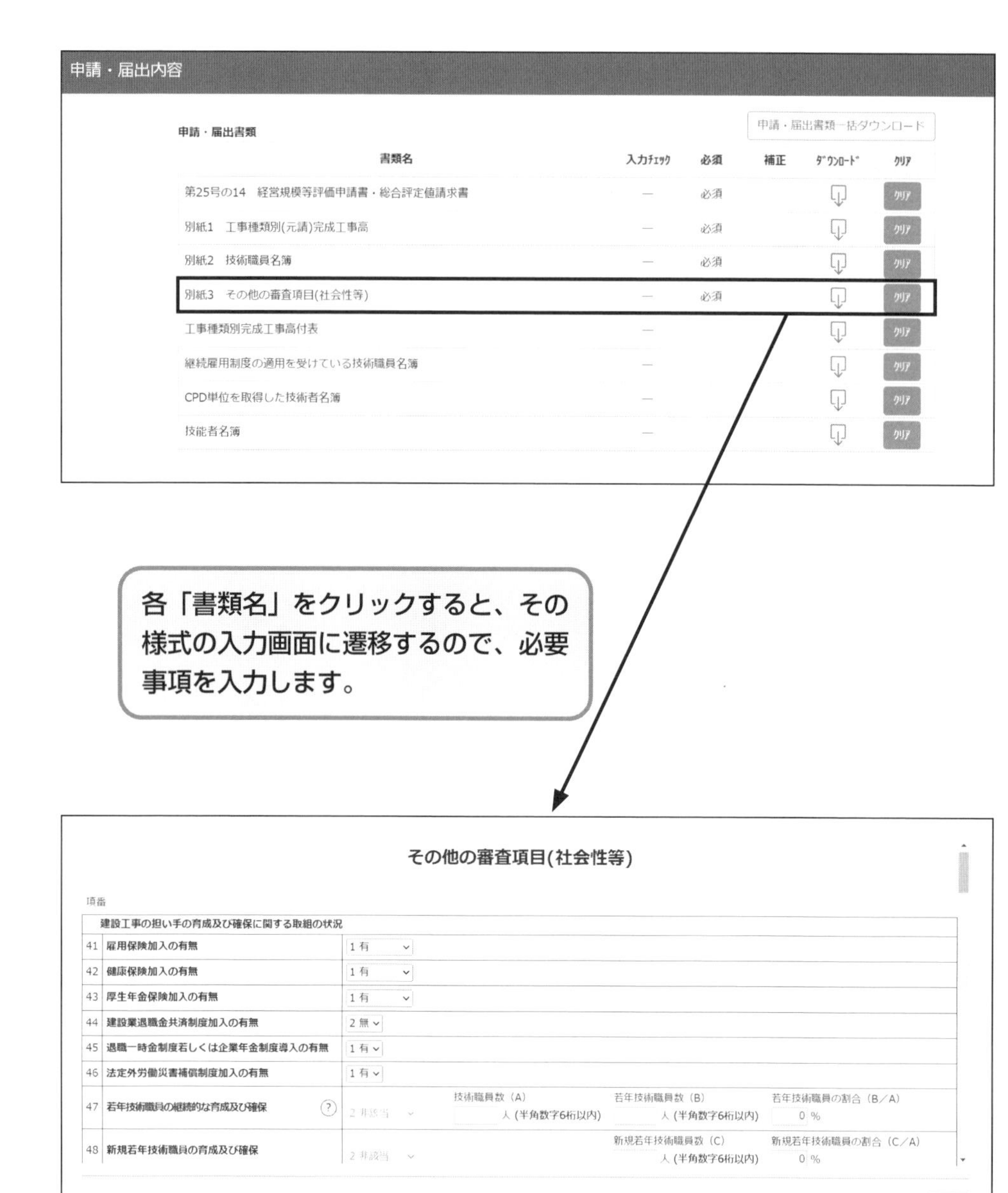

でもかまいません。

ＪＣＩＰ上には「ファイル結合」という機能が設けられており、

これを使えばバラバラのＰＤＦをあとから１つにまとめることができます。

【③ＧビズＩＤでＪＣＩＰにログインし、必要事項を入力する】

確認資料の準備ができたら、ＪＣＩＰにログインして、申請画面に必要事項を入力していきます。入力画面を１つずつ説明するのはページがいくらあっても足りないので、詳細は国土交通省のホームページにある操作マニュアルを参照してください。

ここでは申請画面だけを紹介しておくと、前ページ図のとおりです。紙の申請書と同じ見た目なので、初めてでも取り組みやすいと思います。

【④申請して、審査手数料を納付する】

「申請・届出の送信」ボタンを押して申請を行なうと、状態が**【確認待】**に変わります。これは行政庁が、書類が形式的に揃っているかの確認を行なっている状態です。

問題がなければそのまま**【納付待】**となるので、申請者としてはここで審査手数料を納付することになります。

納付方法については、大臣許可と知事許可で次のように異なります。

大臣許可	知事許可
①Pay-easyの納付番号等によるＡＴＭ、ネットバンキングで支払いを行なう納付方法 ②収入印紙、国税納付領収書をＪＣＩＰで出力した貼り付け用紙に貼付して、郵送か窓口に提出して行なう納付方法	①ＪＣＩＰから金融機関のネットバンキングを利用してPay-easyで支払いを行なう納付方法 ②都道府県証紙を郵送か窓口に提出して行なう納付方法 ③その他、都道府県独自の納付方法

納付が完了すると、状態が**【手続中】**に変わり、実際に申請の中

身の審査に入ります。

ここで気をつけたいのは、行政手続法に鑑みて正しいかどうかは別として、電子申請＋手数料納付が揃わないと正式な申請として受理されない点です。これは許可申請の手続きでも同様です。

電子申請を送信しただけで**【確認待】**となっていても、正式な申請とはなっていないので、十分に注意してください。

【⑤補正指示があれば対応する】

申請したのちに不備や補正があると、手数料納付前は**【訂正待】**、手数料納付後は**【補正待】**という状態になります。不備や補正箇所を修正し、「訂正対応済」ボタン・「補正対応済」ボタンを押して、申請データを再度送信しましょう。

すると、状態が再び**【確認待】**になるので、審査が終わるのを待ちます。

ここで気をつけたいのが、紙申請であれば職権による訂正（訂正内容が軽微かつ資料から明らかなミスについて、申請者の同意の下に行政側で訂正を行なうこと）がありますが、電子申請では現状は職権訂正は一切できない仕様になっていることです。

たとえば、技術職員の「髙橋」を申請データで「高橋」と書き間違えた場合は、紙申請であれば職権訂正で済ませてくれることがありますが、電子申請ではそれができません。

したがって、この場合にも訂正や補正という対応になってしまいます。そうなると、通常よりも結果通知書の発行が遅くなるので、申請に際しては特に気をつけたいところです。

【⑥経審結果通知書を受領する】

晴れて審査が終了すると、「経審結果通知書」が発行されます。

申請前のデータ入力の時点で、通知書受領方法を選択することができるので、電子ファイルで受領したい場合は、「経営事項審査結果通知書について、「電子ファイルでの受領を希望する」のチェックボックスに「レ」を入れておきましょう。

通知書受領方法	☑ 経営事項審査結果通知書について、電子ファイルでの受領を希望する ※1．電子ファイルでの受領を「希望しない」場合は、書面での送付（郵送）となります

ただし、電子ファイルでの受領に対応していない行政庁もありますので、あらかじめ行政庁に確認してください。

また、これは現時点での個人的な意見ですが、電子ファイルの場合には「公印」が印刷されていません。

入札参加登録において電子ファイルの経審結果通知書について理解が進んでいない可能性を考慮すると、まだしばらくは紙で受領するほうが安心だと思います。

５章の最後には、令和５年の改正と経審の電子申請について説明してきました。

この改正によりＰ点が下がってしまう中小建設業者は、しっかりと対策を行なうとともに、ＪＣＩＰの電子申請をうまく活用することで、自社の事務的負担を軽減して、より生産性の高い仕事に時間をつかえるように工夫していきましょう！

◎決算前に行なうべき対策と決算後でも間に合う経審対策◎

決算前に行なうべき対策	ページ
●中小建設業者はきちんと減価償却をしよう	211
●公共工事の予行演習のつもりで民間元請工事に取り組む	212
●中小建設業者は若年技術者の雇用と育成に取り組もう	221
●社会保険の３保険とも未加入だとＰ点で▲157.5点。挽回は不可能	223
●コスパ最強の中退共を活用する	228
●生命保険を活用して自社の退職金制度をつくる	230
●いつかは加入することになる建退共	232
●法定外労働災害補償制度の活用	236
●業界団体に加入して防災協定の加点をゲット	237
●ミニショベルまたは軽のダンプ車を１台買おう	238
●中小建設業者同士で差がつく項目はどれ？	240
●資格取得で加点がもらえるのは現場だけではない	242
● CPD単位取得数と技能レベル向上者数に要注意	244
●他社との差別化を図るなら、えるぼし、くるみん、ユースエール	256
●まずは公共工事だけでもＣＣＵＳを導入しよう	257
決算後でも間に合う対策	
●数字がよいほうを選ぶ必要はない	202
●売上の積上げ（振替、移行）制度を活用する	203
●工事の裏づけ資料を自社に有利になるように準備する	206
●減価償却実施額は法人税申告書別表16の数字をとにかく詰め込む	209
●経審において技術職員名簿は引き出しの宝庫	214
●技術職員の加点は申請者次第	216
●どうしても社会保険料を滞納しているときの裏ワザ	226

最後に、本章で紹介した経審対策について、決算前に行なうべきものと決算後でも間に合うものとに分類して表にまとめましたので、ご活用ください。